edition suhrkamp 2803

W0221617

Der junge Journalist Stanislaw Assejew wurde 2017 von moskautreuen Separatisten festgenommen und saß mehr als zwei Jahre im Foltergefängnis »Isolation« in Donezk, bevor er in einem Gefangenenaustausch freikam. Über seine Erfahrungen hat er einen Bericht verfasst, der wie kein zweites Dokument das Terrorsystem beschreibt, das der russische Geheimdienst FSB 2014 im Donbass etabliert hat und bis heute auf den okkupierten Territorien der Ukraine betreibt. Sein Buch, das vom Überleben der Folter und von der Rückkehr aus der Unmenschlichkeit erzählt, ist ein bedeutendes Dokument.

Stanislaw Assejew, 1989 in Donezk geboren, studierte Philosophie und arbeitet seit 2014 als Journalist. Für seine Arbeit wurde er vielfach ausgezeichnet.

Foto: © Dmytro Larin

Stanislaw Assejew

Heller Weg, Donezk.

Bericht aus einem Foltergefängnis

Aus dem Russischen von Anselm Bühling,
Henriette Reisner und Volker Weichsel

Suhrkamp

Die Originalausgabe erschien 2021 unter dem Titel
Cvitlyj Šljach: istorija odnogo konctaboru im Verlag Staroho Leva
(The Old Lion Publishing House) in Lviv.
Änderungen in der deutschen Ausgabe wurden mit dem Autor
abgestimmt.

Klimaneutral
Druckprodukt
ClimatePartner.com/14438-2110-1001

Erste Auflage 2023
edition suhrkamp 2803
© der deutschsprachigen Ausgabe Suhrkamp Verlag AG, Berlin, 2023
Alle Rechte vorbehalten.
Wir behalten uns auch die Nutzung des Werks für Text und
Data Mining im Sinne von § 44b UrhG vor.
Umschlag gestaltet nach dem Konzept von Willy Fleckhaus und
Rolf Staudt
Satz: Satz-Offizin Hümmer GmbH, Waldbüttelbrunn
Druck: C.H. Beck, Nördlingen
Printed in Germany
ISBN 978-3-518-12803-0

www.suhrkamp.de

Heller Weg, Donezk

Vorbemerkung

»Isolation« ist der Name eines Geheimgefängnisses im von Russland kontrollierten Teil des Donbass. Hunderte Menschen haben die »Isolation« durchlaufen, die meisten wurden mit Strom gefoltert, vergewaltigt, ihrer menschlichen Würde beraubt und zu schwerer Arbeit gezwungen.

Es gibt Hinweise auf die Ermordung von Gefangenen in der »Isolation«. Keine einzige Menschenrechtsorganisation hat je Zugang zu dem Gelände erhalten. Mittlerweile hat Russlands Geheimdienst FSB die Kontrolle übernommen.

Der Autor und Journalist Stanislaw Assejew hatte seit 2014 unter dem Pseudonym Stas Wasin für ukrainische Medien aus dem von russischen Separatisten besetzten Donezk berichtet. Am 11. Mai 2017 wurde er von Milizen der sogenannten Donezker Volksrepublik (DNR) verschleppt. Bis zum 28. Juni hielt man ihn zunächst in einer Zelle im Keller der »Zentrale« fest, im Gebäude des »Ministeriums für Staatssicherheit« der DNR.

Von dort wurde er am 28. Juni 2017 in die »Isolation« (ukrainisch *Isoljazija*) verlegt, ein vom russischen Geheimdienst FSB betriebenes Foltergefängnis auf dem Gelände einer ehemaligen Isolatorenfabrik. Die Adresse – Heller Weg 3 – ruft die Zeiten auf, als die Sowjetmacht sich auf den Weg in die lichte Zukunft des Kommunismus gemacht hatte.

Die ersten beiden Tage, bis zum 30. Juni, verbrachte er in einer regulären Zelle. Danach kam er für einen Monat in den Keller der »Isolation«, wo die Gefangenen schwer gefoltert wurden.

Von August 2017 bis zum 31. Oktober 2019 wurde er in einer Sammelzelle der »Isolation« festgehalten.

Am 1. November 2019 kam er ins Zentralgefängnis von Donezk. Vom 18. November bis zum 29. Dezember 2019 war er im Lager Makijiwka, wo er im Zuge eines Gefangenenaustauschs zwischen der DNR und der ukrainischen Regierung freikam.

Insgesamt verbrachte Assejew 969 Tage in Gefangenschaft, davon 875 in dem nicht offiziellen Folterlager am Hellen Weg 3.

St. A./Red.

Prolog

Der Rauch aus den Öfen von Sachsenhausen und Auschwitz legt sich auf den Schnee von Magadan und der Kolyma.
Gebrüder Wajner
Schlinge und Stein in grünem Gras[1]

Ich weiß nicht, ob ich die richtigen Worte finde für das, was geschehen ist. Der Abstand zwischen den Extremen ist zu groß. Wir lebten zwischen jenem grauenhaften Geräusch, einem Klatschen, bei dem der gesamte Keller aufsprang, und der klassischen Musik, die an ruhigeren Tagen aus dem Radio kam. Wie den Raum dazwischen beschreiben? Bedeutete Musik, dass in diesem Moment niemand mit überkreuzten Beinen und Plastiktüte über dem Kopf im Keller kniete? Natürlich nicht.

In diesem Buch geht es um ein Geheimgefängnis im Zentrum von Donezk. Es wird als »Dachau des Donbass« bezeichnet. Das Buch handelt nicht einfach von

1 Arkadi Wajner (1931-2005) und Georgij Wajner (1938-2009) verfassten in den 1970er und 1980er Jahren zahlreiche in der Sowjetunion sehr erfolgreiche Detektivromane. In dem letzten gemeinsam verfassten und 1991 erschienenen Roman *Schlinge und Stein in grünem Gras* geht ein Journalist den Verbrechen der sowjetischen Staatssicherheit nach. Anm. d. Ü.

einem Gefängnis. Was in den Wänden der »Isolation« geschah, sprengt die Grenzen des Verstandes. Seit ein paar Monaten bin ich in Freiheit und frage mich immer noch: Hat das wirklich stattgefunden? Ist mir das wirklich passiert? All diese Menschen, der Strom, die Folter, das Isolierband, die Lieder, mit denen die Schreie derjenigen übertönt wurden, zu denen die Drähte führten …

Dieses Buch sollte eine Reportage werden: sachlich, ohne Wertungen und Emotionen. Als wäre ich nicht als Häftling, sondern als Journalist in dieses Gefängnis gekommen. Während der 28 Monate in der »Isolation« habe ich einige Texte verfasst, die meiner ursprünglichen Absicht nahekommen. Ich musste zurückhaltend und lakonisch schreiben, konnte nur den Grundriss des künftigen Buches entwerfen, denn mir war klar, dass meine Aufzeichnungen jederzeit konfisziert und gelesen werden können. Was dann auch passiert ist.

Als ich mit dem Schreiben begann, ahnte ich nicht, wie viele Fragen sich stellen würden. Als ich fertig war, konnte ich nicht glauben, dass ich keine einzige beantwortet hatte. Vielleicht ist das Buch selbst die Antwort: Um es zu schreiben, musste ich überleben. Um zu überleben, musste ich mir sicher sein, dass ich es schreiben würde. In diesem seltsamen Labyrinth versuchte ich, einen Sinn zu entdecken: »Das war alles kein Zufall«, »das kann nicht einfach nur so passiert sein« … Doch am Ende bleiben ein paar Sätze, die sich zu einem Absatz fügen. Der Cursor blinkt, der Gedanke gefriert, und wieder sinke ich in diesen Abgrund. Die »Isolation« lehrt, dass es keinen absoluten Tiefpunkt gibt: Man kann immer noch tiefer fallen. Es gibt immer jemanden, dem es noch schlechter geht. Auch davon handelt dieses Buch. Versuche ich, diesen Ort – dieses Gefängnis – auf einen einzigen Begriff zu bringen, so lautet er »Unausweichlichkeit«. Wenn man auf einen Tisch gelegt und mit Isolierband umwickelt wird, kann man schreien, so viel man will – es ändert nichts. Nicht die Beschwörung der Familie, nicht die Anrufung Gottes, nicht das Geschlecht, nicht das Alter, nicht der Schmerz, auch nicht der Schrecken und das Schreien werden irgendetwas ändern. In diesem Moment, auf dem Tisch, spürt der Mensch seine Zerbrechlichkeit, seine Machtlosigkeit, seine Schwäche. Er ist das Schilfrohr, von dem Pascal spricht. Der Schmerz lässt die Gelenke hervorspringen, Schweiß überströmt den Körper, und um die Wirkung zu steigern, übergießen sie dich mit Wasser. Unausweichlichkeit. Schreien und Flehen sinnlos. Sie tun es trotzdem, sie werden dich trotzdem foltern.

Heller Weg handelt nicht von der Folter. Es ist nicht die Folter, die dieses Gefängnis von anderen unterscheidet. Allein in Donezk gibt es neben der »Isolation« ein Dutzend weiterer Orte, an denen bis heute gefoltert wird. Wie lässt sich das Spezifische der »Isolation« erklären? Vielleicht mit einem Beispiel: Ich erinnere mich, wie im Jahr 2018 die erste Welle der Verlegungen aus der »Isolation« in andere Gefängnisse begann. Ich saß zu dieser Zeit in Zelle fünf, und wir hatten bereits gehört, dass in den Tagen zuvor aus der »Zwei« und der »Acht« einige Leute von hier weggebracht worden waren in die Donezker »Zentrale«, das Gefängnis, das sich im Gebäude des sogenannten Ministeriums für Staatssicherheit befand. In der Zelle herrschte eine nachgerade weihnachtliche Stimmung: Viele hatten bereits ihre bescheidenen Habseligkeiten gepackt und warteten, dass das Wunder auch ihnen zuteilwürde.

Die Tür geht auf, der Aufseher nennt vier Namen: »Fertigmachen«. Es ist kaum zu beschreiben, was in diesem Moment geschah. Wir gratulieren den Glücklichen, schenken ihnen unseren letzten Tee und das letzte Blatt Papier – mehr besaßen viele von uns nicht. Wir drücken ihnen die Hände, umarmen sie und sind überglücklich, obwohl wir den eigenen Namen noch nicht gehört haben. Hätte ich gewusst, dass ich erst ein Jahr später dran sein würde! Aber in diesem Augenblick sind wir einfach glücklich, voller Hoffnung, dass dies ein Anfang ist und eines Tages auch wir hier herauskommen. Die Tür öffnet sich erneut, einer der Gefangenen hatte noch nicht alles verpackt. Der Aufseher brüllt, sie würden ohne ihn losfahren, der Mann stolpert aus der Zelle und hat nicht einmal seine Tüte richtig über den Kopf gezogen. Die Tür ist wieder zu, doch in der Zelle herrscht Euphorie. Nur der Neue, der erst vor einer Woche angekommen ist, fragt verständnislos:

»Wohin rennen die alle so begeistert?«

»Ins Gefängnis«, antworten wir genauso verständnislos.

Viele hielten die Verlegung für eine Freilassung. Solche Dinge sagen fast mehr über die »Isolation« als Schreie und Strom. Manchmal kamen wir uns vor wie in einem Experiment, dermaßen irreal war alles. Dazu die gut ein Dutzend Videokameras. Es schien, als wollte die Gefängnisleitung eine Grenze austesten: »Wenn wir noch ein wenig mehr aufdrehen? Wenn wir befehlen: ›Laut geben! Unter die Pritsche!‹ – wird er dann wie ein Hund heulen oder nicht? Schau an, er hat geheult. Jetzt hol ich meinen Schwanz aus der Hose.«

Alles wird festgehalten: In jeder Zelle, in den Karzern, in jedem Keller hängt eine Videokamera. Terabytes von Aufzeichnungen, hunderte Stunden für internationale Gerichte. Umso mehr erscheint es wie ein Experiment. Man kann nicht sechs Jahre lang straflos und sich über jeden UN-Bericht totlachend Verbrechen um Verbrechen aufzeichnen. Oder vielleicht doch? Dann wäre die »Isolation« eine Antwort auf die Frage, wie unsere Welt beschaffen ist: Ihre ganze Sinnlosigkeit, Grausamkeit und Ungerechtigkeit konzentrierten sich hier, an dieser Adresse, Heller Weg 3. Keine Strafe, keine Vergeltung, stattdessen Gelächter über uns, die Besiegten. Viele trösten sich mit dem Gedanken an ein göttliches Gericht. Ich glaube nicht daran. Woran ich glaube? An das Gelächter dieser Leute im Keller, wenn sie einen Menschen mit Isolierband fixieren.

Oft werde ich gefragt, ob ich ihnen vergeben würde. Was soll ich sagen? Ich empfinde nicht einfach nur Hass für sie, meine Gefühle sind radikaler. Denen, die man hasst, kann man vergeben. Doch dieser Keller ist ein von jedem Sinn verlassener, für jeden Sinn unzugänglicher Ort. Unzugänglich auch für Vergebung.

Die Ankunft

Wir werden einzeln abgeladen. Einigen haben sie die Hände mit Isolierband zusammengebunden, meine werden von Handschellen aneinandergepresst. Alle haben eine Plastiktüte oder einen Sack über dem Kopf. Das Einzige, was ich aus dem Keller der »Zentrale« mitnehmen konnte, sind meine Aufzeichnungen. Und meine Kleider. Wir werden mit den Tüten über dem Kopf an die Wand gestellt und durchsucht.

Das ist die Ankunft. Jedem von uns wird schnell klar, dass wir hier nicht in ein Gefängnis gekommen sind, vielmehr nicht in ein offizielles Gefängnis. Hier geht es um völlig andere Dinge: Spionage, Terrorismus, Extremismus. Auch ich werde später, nach zwei Jahren in der »Isolation«, meine beiden Urteile erhalten: nach sieben Artikeln des Strafgesetzbuchs. In sechs Anklagepunkten werde ich wegen meiner Tätigkeit als Journalist schuldig gesprochen, der siebte Punkt: Spionage. Jedes Urteil lautet 15 Jahre. Bei fast allen hier war es ähnlich. Eine Haftanstalt für »besonders gefährliche Verbrecher« – so hat die Gefängnisleitung uns Neuankömmlinge bezeichnet.

Die Adresse: »Isolation«, Heller Weg 3.

Wir sind auf dem Gelände einer ehemaligen Fabrik für Isoliermaterialien im Stadtzentrum von Donezk angekommen. Hier befindet sich ein Militärlager und gleichzeitig eines der grausamsten Gefängnisse der sogenannten Volksrepublik Donezk. Für dieses Gefängnis gibt es keine Kategorie, offiziell existiert es gar nicht. Inoffiziell befinden sich Dutzende Gefangene in den Zellen und Kellern.

Wir werden auf Zellen verteilt: Alle Türen sind dick mit schwarzer Farbe bemalt, die Fenster mit weißer. In jeder Zelle brennt rund um die Uhr Licht, auch am Tag kann man es nicht ausschalten. Kaum hat sich die Tür etwas geöffnet, springen alle von ihren Pritschen, ziehen ihre Tüte über den Kopf, legen die Hände hinter den Rücken und drehen sich zur Wand. Das alles spielt sich innerhalb von zwei, drei Sekunden ab. So sind die Regeln hier: Liegen verboten, zum Fenster oder zur Kamera schauen verboten.

Zunächst können wir es gar nicht fassen, dass es in der Zelle ein Waschbecken und eine Kloschüssel gibt. Nach dem Keller in der »Zentrale« rieseln immer noch Hautfetzen von uns herab. Ich war sechs Wochen dort, andere hatten weniger Glück, sie saßen 200 Tage an diesem Ort. Die Haftbedingungen in der »Isolation« irritieren uns, sie irritieren jeden, der von diesem Gefängnis erfährt. »Ein Konzentrationslager mit Klimaanlage? Machen Sie Witze?« Das habe ich oft gehört, als ich nach meiner Befreiung zu schildern versuchte, was das für ein Ort war.

Wer im Sommer ankommt, wird von Blümchen unter dem Fenster empfangen, und in manchen Zellen gibt es wirklich eine Klimaanlage aus der Zeit vor 2014. Es ist die Wahrheit, aber eben nicht die ganze – mein Nachbar, der hier innerhalb eines Monats ergraut ist, kennt den anderen Teil der Wahrheit. Er konnte eine Woche lang nicht sprechen, nachdem er eine ganze Nacht geschrien hatte – wegen der Stromkabel, die an seinen Genitalien befestigt waren. Die sich schälende Haut seines Hodens sagt mehr über die »Isolation« als das Vorhandensein einer Klimaanlage.

Geht man ohne Tüte oder Sack über dem Kopf durch die »Isolation« – dieses Recht kann man sich nach einem Monat verdienen –, begegnet man Lenin, dessen Porträts am Kellereingang hängen. Es gibt sogar eine Büste. Die einstige Isoliermaterialfabrik war nach ihrer Stilllegung eine Zeit lang ein Ausstellungsort und Kunstraum gewesen. Künstler und Kulturinteressierte kamen hierher, es gab Ausstellungen und Installationen. Mit der Ankunft der »russischen Welt« und des FSB in Donezk obsiegten Lenin und sein »Heller Weg«. Die Straße in die lichte Zukunft, ins kommunistische Paradies, führte erneut in einen Abgrund. Der aus sowjetischen Zeiten stammende Luftschutzkeller wurde zu einem Folterlabyrinth, in den Hallen stehen nun Panzer, zwischen den Stellwänden, an denen die Bilder hingen, lagern hunderte Minen.

Aber die »Isolation« war nicht nur als Haftanstalt für Andersdenkende eingerichtet worden. Viele meiner

Zellengenossen waren wegen »regelwidriger Korrespondenz« oder proukrainischen Äußerungen in den sozialen Medien hier. Beides fällt unter »Extremismus« und zieht mindestens fünf Jahre Haft nach sich. Allein für die Anführungszeichen, in die ich in meinen Reportagen die Wörter »Volksrepublik Donezk« gesetzt hatte, sollte ich fünf Jahre erhalten. Ich wollte nur verdeutlichen, dass dieses Gebilde von der internationalen Gemeinschaft nicht anerkannt wird, selbst Russland erkannte sie damals nicht an. Die Anführungszeichen führen sofort dazu, dass man seine Unterschrift unter ein Papier setzt, in dem stolz mitgeteilt wird, dass ein Verbrecher gestellt wurde, der »die staatliche Souveränität der Volksrepublik Donezk leugnet«. Ich fragte den mit meinem Fall befassten Untersuchungsrichter: »Sie haben mir sieben Paragraphen angehängt, für die ich das halbe Leben sitzen werde. Diese Anführungszeichen haben für mich keine Bedeutung mehr. Aber Sie, kümmert es Sie wirklich nicht, dass Sie das Leben von Menschen zerstören, weil diese auf ihrer Internetseite einen einzigen Satz geschrieben haben? Nur dafür fünf Jahre?« Worauf der Untersuchungsrichter mir ganz offen antwortete: »In aller Regel können wir denen, die ›Volksrepublik Donezk‹ in Anführungszeichen schreiben, später auch Spionage nachweisen.« Ein endloses Fließband. Aus dem unerschöpflichen Strom von »Spionen« und »Extremisten« wird alles herausgesaugt, was zu holen ist. Autos, Geld, Häuser, Eigentum. In meinem Fall sogar Küchenmesser und ein paar Parfumfläschchen. Sie wurden bei der illegalen Durchsuchung meiner Wohnung gestohlen. Wie ihre Urgroßväter in den Kunstledermänteln verschmähen auch die Donezker Erben der sowjetischen Tschekisten nichts.

Neben den Andersdenkenden, »Extremisten« wie mir, gibt es in der »Isolation« noch diejenigen, die für dieses System gekämpft haben und jetzt selber von ihm zermalmt werden. In den 28 Monaten, die ich dort verbracht habe, gab es keinen Tag, an dem ich nicht mit jemandem aus den örtlichen Milizen in einer Zelle saß. Sämtliche Dienstgrade haben diese Keller zu Gesicht bekommen, vom Gefreiten bis zum Generalmajor.

Kaum waren im Jahr 2014 die Bilder und Kunstobjekte gegen Stacheldraht und MG-Nester vertauscht worden, wurde die »Isolation« zu einer Folterkammer für die sogenannten Kosaken: Bis 2016 wurden ihre Verbände von den ehemaligen »Kampfgenossen« entwaffnet und die Mitglieder hierhergebracht. An den Wänden meiner Zelle sah ich ihre Höhlenmalerei: Kampfnamen, Aufenthaltsdaten. In die »Hütte« kam übrigens nur, wer Glück hatte; die meisten wurden einfach im Keller festgehalten, wo sie auf Paletten schliefen. Und ein Teil wurde einfach umgebracht. Wie viele Leichen auf dem Gelände der »Isolation« liegen, ist bis heute nicht bekannt. Aber wenn man im Sommer auf dem Weg zu den Duschen an einem der Entlüftungsschächte vorbeigeht, steigt einem der Gestank verwesender Körper in die Nase.

In den Jahren 2017/2018 arbeitete die Maschine nicht mehr ganz so grob. Zuvor hatte sich niemand ernsthaft über offizielle Anklagen Gedanken gemacht. Jetzt wurden Kämpfer aus den eigenen Reihen wegen »Staatsverrat« oder »illegalem Waffenbesitz« verurteilt. Vertreter aus nahezu allen lokalen Brigaden und Bataillonen haben mit mir in einer Zelle gesessen, darunter auch Stabschefs und stellvertretende Brigadekommandeure. 2017 wurden sie in immer neuen Fuhren in die Keller verfrachtet und anschließend hoch zu uns in die Zelle gebracht – als gebrochene Menschen, die nicht mehr verstanden, wofür sie noch ein Jahr zuvor gekämpft hatten. Besonders Sturköpfige wurden mit ihren Frauen hergebracht, damit der Gatte gesprächsbereiter ist und schneller das benötigte Dokument unterzeichnet.

Vom ersten Moment an spüre ich, dass hier etwas nicht stimmt. Mir wird nicht gleich klar, dass es mit den leicht geöffneten Fenstern zu tun hat. Autos! Hinter unseren Fenstern verläuft eine Straße, von dort dringt Verkehrslärm herüber. Diese Erkenntnis trifft mich wie ein Schlag. In dem Keller, in dem ich bis vor kurzem festgehalten worden war, hörten wir nur das Geräusch eines Aufzugs. Wenn es aufhörte und irgendwann wieder einsetzte, wussten wir, dass eine Nacht vorüber ist. Auf diese Weise maßen wir die Zeit, und als in dem Keller ein einziges Mal das Licht ausfiel und nur noch das rote Lämpchen der Videokamera in der Dunkelheit leuchtete, fühlten wir uns wie lebendig begraben zwischen den kalten Wänden.

Jetzt ist alles anders – und das erzeugt eine gefährliche Illusion. Ich höre die vorbeifahrenden Autos und denke, dass ich hier ganz bestimmt bald rauskomme, denn hinter dem Fenster, nur wenige Meter entfernt, existiert eine andere Welt. Im Keller der »Zentrale« glaubten wir oft, dass es diese Welt gar nicht mehr gibt, dass es keine Autos und keine Menschen, keine Sonne und keinen Wind mehr gibt.

Mit uns war etwas geschehen, aber dieses »Etwas« ist wahrscheinlich auch mit ihr geschehen, mit der armen alten Welt. Es konnten doch nicht einfach nur wir sein, die in diese Finsternis geworfen worden waren. Natürlich glaubten wir das nicht im Ernst, aber manchmal dachte ich: Wie lange muss man hier sitzen, bis man tatsächlich davon überzeugt ist? Wie viel Zeit in stummer Dämmerung muss vergehen, bis wir über solche Gedanken nicht mehr lachen?

Aber jetzt stellt sich heraus, dass das Leben immer noch da ist. Wir treffen hier auf Menschen. Man muss offenbar nicht in Einzelhaft sitzen, es ist möglich, nach dem Abziehen der Plastiktüte jemand anderen zu sehen als die Heilige auf der schimmelüberzogenen Ikone. Und jemand wird wohl in diesen Autos fahren, jemand sitzt am Steuer des Busses, der die Leute zum Ziel ihrer Erledigungen bringt. Ob sie wissen, dass wir hier sind? Natürlich nicht, aber sie wissen von diesem Gefängnis. Einige Monate später prahlte einer der Aufseher damit, dass sogar die Busfahrer nicht in der Nähe der »Isolation« halten wollen. Die Herren des »Donezker KZ« sind stolz auf ihren üblen Ruf. Sie produzieren Angst, die einzige Ware, die in der ehemaligen Fabrik heute hergestellt wird.

Alle diese Gedanken zersplittern beim Schlag eines Gewehrkolbens gegen die Eisentür. Ich springe von der Pritsche auf, so wie die rund zehn anderen Gestalten, und höre meinen Namen: »Tüte über den Kopf. Gesicht zur Wand. Kopf runter. Hände hinter den Rücken. Ein Schritt nach rechts – zur Tür!« Die Erstuntersuchung. Ich wusste noch nicht, dass einer der grausamsten Sadisten uns inspizieren würde. Er war hier – düstere Ironie – der Arzt. Er gestattete mir, die Tüte vom Kopf zu nehmen, denn er selbst trug eine schwarze Sturmhaube, und fragte, ob ich von der vorhergehenden Inhaftierung gesundheitliche Beschwerden hätte. Ich antwortete, dass ich noch kein Gefühl in den Knöcheln der Daumen habe, wo sie die Drähte festgemacht hatten. »Kleinigkeit. Was Ernsthaftes?« »Was Ernsthaftes« fand sich nicht bei mir.

Wenn er in die »Isolation« kam, brüllte er für gewöhnlich die Neuangekommenen schon im Flur an und beschimpfte sie; nachts zog er mit dem Kommandanten über den Flur und holte Gefangene aus den Zellen. Was anschließend mit ihnen geschah, hing vom

Einfallsreichtum derjenigen ab, die sich zum Foltern versammelten – und von der Wodkamenge, die sie getrunken hatten. Am nächsten Morgen begutachtete der Arzt dann die Brandwunden von der Folter und die Rippen, die er nachts eigenhändig gebrochen hatte. Mit meinen tauben Fingern nervte ich ihn bloß. Aber das wusste ich in diesem Moment noch nicht.

Außerdem fühlte ich mich nach anderthalb Monaten, in denen ich bei jedem Gespräch eine Tüte über dem Kopf zu tragen hatte, jetzt unbehaglich, fast schuldig, weil ich ohne Tüte vor ihm stand. Obwohl er selbst mir befohlen hatte, sie abzunehmen. Schon damals verstand ich, wie stark ich mich innerlich verändert hatte. Und doch war dies erst der Anfang meines Wegs in die »Isolation«. So war ich erleichtert, als sie mir endlich befahlen, meine Tüte wieder aufzusetzen, und mich anschließend wieder in die Zelle führten: Dort leuchtete durch die Fensterritzen noch immer eine andere Welt herein.

Die »Isolation« und die Lagergesetze

Kaum war ich nach der Einzelhaft im Keller der »Zentrale« in eine Zelle in der »Isolation« gekommen, war das Erste, was ich hörte: »Hier schläft 'ne Schwuchtel. Mit dem wird nicht geredet, nichts von ihm angenommen, keine Sachen auf seine Pritsche gelegt. Verstanden?« Es war ein Schock. Ich hatte mir eingebildet, ich wäre in ein reguläres Gefängnis gekommen, aber so war es nicht. Die »Isolation« lag nicht nur außerhalb jeder Vorstellung von einem normalen Gefängnis. Auch das System der Lagergesetze, der Gefängniskodex, der an anderen Orten galt, funktionierte hier nicht. In jeder Zelle herrschten andere Regeln, jede lebte nach ihrem eigenen perversen Geschmack.

Wie stark sich die »Isolation« unterschied und dass man von diesem Ort nicht auf andere Gefängnisse schließen konnte, wurde mir erst vollständig klar, als ich nach 28 Monaten in ein Lager kam, in dem ganz andere Bedingungen herrschten. Wie sehr die »Isolation« mich innerlich verkrüppelt hatte, ging mir erst dort, im Gespräch mit einem gewöhnlichen Kriminellen auf. Deshalb greife ich vor und berichte von Erlebnissen in diesem Lager.

Bevor ich durch einen Gefangenenaustausch freikam, habe ich dort einige Wochen verbracht. Obwohl unsere Baracke, die der »Politischen« – oder der »Deutschen«, wie wir genannt wurden –, durch verschweißte Metallplatten und Stacheldraht komplett von den Kriminellen isoliert war, liefen sie uns doch manchmal über den Weg, wenn sie zum Badehaus oder zum Gebäude der Gefängnisleitung gingen. Außerdem traf man im Disziplinarisolator, der »Grube«, mit ihnen zusammen, wohin sie wegen Missachtung der Lagerordnung gebracht wurden.

Wir Politischen kamen sofort nach der Ankunft in die »Grube«, allein wegen unserer Paragraphen. Erst nach zwei Wochen wurde uns endlich erlaubt, in unsere Baracke einzuziehen.

Die Kriminellen verhielten sich absolut gelassen, selbstsicher, ja dreist gegenüber der Lagerverwaltung. Oft zeigten sie Humor und waren guter Laune, obwohl sie anders als wir keine Aussicht hatten, bei einem Austausch freizukommen. Am Tag meiner Ankunft im Lager konnte ich kurz mit einem Gefangenen sprechen, der der Gefängnisleitung half, den »Nachschub« aufzunehmen. Es war frappierend. Der Mann war zu 15 Jahren verurteilt worden und hatte den Großteil davon bereits abgesessen. Und doch war er heiter, machte ständig Scherze und wunderte sich aufrichtig über unsere Paragraphen und Urteile, die bei einem »Zehner« und aufwärts lagen.

Eine solche Haltung wurde den Kriminellen durch die jahrzehntealten Traditionen der Gefängniskultur mit ihren unausgesprochenen Regeln ermöglicht, die selbst in einem »tiefroten« Lager niemand zu brechen wagt.[1]

In der »Grube« wurde ich jeden Tag zurechtgewiesen, weil ich in Gedanken immer noch in der »Isolation« lebte. Wir saßen in einer kalten, schmutzigen Zelle, aber hier musste man nicht aufspringen, sobald die Tür sich öffnete. Man musste nicht die Augen senken und die Hände auf den Rücken legen. Hier kam es vor, dass man mit »Sie« angesprochen wurde. Nach 28 Monaten »Schwein« und »Schwuchtel« und dem dazugehörigen verpflichtenden Blick auf die Stiefel des Eintretenden war es schwer, sich daran zu erinnern, dass man ein Mensch ist.

Der Vergleich mag unangemessen erscheinen, aber die Verbrecherwelt mit ihren rigiden Formen ist eine Welt voller Symbole, wie eine Kirche. Bekreuzigt sich ein Eintretender mit fünf Fingern, weiß man, dass er katholisch ist. Der runde Ständer ist für Kerzen, die man mit der Bitte um Heilung anzündet, am viereckigen mit dem Kruzifix betet man für die Seele der Verstorbenen. Man erkennt, wie regelmäßig jemand in die

1 Als »rote« Lager werden solche bezeichnet, in denen Inhaftierte in der Übermacht sind, die offen mit der Lagerverwaltung kooperieren, indem sie etwa Küchendienst und andere Arbeiten verrichten. In »schwarzen« Lagern kontrollieren hingegen die Kriminellen die Sozialbeziehungen. Werden Kriminelle in ein »rotes Lager« gebracht, so dient dies oft dazu, sie zu brechen und von der Einhaltung des Ehrenkodex abzubringen.

Kirche geht, welche Bedeutung dies für ihn hat und wie sicher er sich darin ist.

Ebensolche Regeln haben auch die Kriminellen. Betritt jemand eine Zelle, wissen erfahrene Gefangene sofort, mit wem sie es zu tun haben. Sie sehen es am Gang und daran, was der Eintretende sagt und wie er es tut. Neulinge werden sofort erkannt.

In der Zelle gibt es keine Zufälle. Die am weitesten von der Toilette entfernte Pritsche gehört meist dem Zellenältesten, dicht beim »Kübel« schlafen die unteren Kasten. Die ersten Fragen im Gefängnisjargon zeigen ebenfalls, auf welchem Niveau man ist – wenn man überhaupt etwas versteht.

Nichts von alldem galt in der »Isolation«. Ein Beispiel: In unsere Zelle wurde ein mehrfach verurteilter Krimineller gebracht, der zuvor nebenan gesessen hatte. Wir hatten alle gehört, wie er beim Eintreten in die Nachbarzelle nach alter Gewohnheit »Gruß an die Hütte« gerufen und sofort von den Umstehenden Schläge erhalten hatte. Eine Anordnung der Gefängnisleitung. Sie hatte befunden, dass der neue »Gast« in der »Isolation« zu dreist redet. Außerdem hatte er keine Tüte über dem Kopf. Am nächsten Tag trat er mit einem bescheidenen »Guten Tag« in unsere Zelle, wahrscheinlich fürchtete er einen ebenso warmen Empfang wie nebenan.

Am ersten Tag in der »Isolation« wurde jedem Neuling eine essenzielle Zellenregel mitgeteilt: »Nicht trin-

ken und nicht essen«. Der Neue verstand natürlich gar nichts. Er musste erst lernen, dass man das jedes Mal zu sagen hat, wenn man zur Toilette geht. Alle in der Zelle mussten sich an das Ess- und Trinkverbot halten, um nicht »in Kontakt zu kommen«, also die Regel zu brechen und zu Unreinen erklärt zu werden. Wer dagegen verstieß, wurde bestraft, zum Beispiel mit einem Stück Seife, das er vor aller Augen essen musste. Das Gleiche galt für jene, die beim Gang zur Toilette die Ankündigung vergaßen. An solche Absurditäten muss man sich erst gewöhnen: Ein Dutzend Leute sind dabei, Tee zu trinken, und plötzlich stellen alle ihre Tassen ab, weil jemand »nicht trinken und nicht essen« sagt.

In unserer Zelle ging diese Tradition mit der Ankunft des erwähnten Kriminellen zu Ende. Er erklärte, die Regel gelte nur in Lagern für normalen und für strengen Vollzug, und selbst dort nicht überall. Wenn mehrere hundert Menschen in einer Baracke zusammengepfercht sind, sei es schlicht nicht möglich, jeden zu informieren, dass man jetzt zum Kübel geht. In Lagern mit Sondervollzug, wo er zwanzig Jahre gesessen habe, sei es ganz normal gewesen, dass ein Gefangener sein Brot weiter kaut, während neben ihm ein anderer seine Notdurft erledigt. Nach sechs Monaten »Nicht trinken und nicht essen«, in permanenter Habachtstellung, ob nur ja gerade niemand auf der Toilette ist, brauchten wir lange, um uns die Anspannung abzugewöhnen, die uns wie Hunden gleich in den ersten Tagen hier antrainiert worden war. Aber es gelang. Als ich in die Fünf verlegt wurde, wo ungefähr ein Dutzend Menschen hauste, konnte ich mit dem Argument, dass selbst eingefleischte Kriminelle über diese Formel lachten, nach und nach meine Zellengenossen dazu bringen, sie aufzugeben.

Ein weiteres Lagergesetz lautet: Reinlichkeit. Eine Regel von höchstem praktischem Nutzen und größter Bedeutung. Tatsächlich hielten sich alle Gefangenen peinlich genau an sie. Hätte jemand die Regel missachtet, wäre er in die Kategorie der »Dämonen« eingestuft worden, also jener Menschen, die sich nicht um ihr Äußeres kümmern und in der Zelle zur Verrichtung aller schmutzigen Arbeiten gezwungen werden. Mancherorts werden sie sogar unter den Pritschen gehalten.

In der »Isolation« trieb die Gefängnisleitung diese Regel ins Absurde. In den 24 Stunden nach meiner Einlieferung putzten wir acht Mal den Zellenboden. Bis das Wasser im Eimer nach dem Putzen sich nicht mehr vom Wasser aus dem Hahn unterschied. Außerdem musste die Gummimatte an der Tür unbedingt mit den Streifen senkrecht zu dieser liegen. Auch die Kopfkissen mussten genau ausgerichtet werden, ebenso das Bettzeug. Sitzen war nur auf dem Rand der Pritschen erlaubt. Tagsüber auf den Pritschen zu liegen, war streng verboten. Alles wurde aufmerksam durch die Kamera beobachtet, damit jeder Neuling verstand, dass selbst die absurdesten Anweisungen der Gefängnisleitung genauestens zu erfüllen waren.

Die unterste Kaste im Gefängnis sind die »Herabgesetzten«. In der »Isolation« gab es stets einige von ihnen. Sie mussten allein essen, durften nicht an den Tisch treten und hatten eigenes, oft beschädigtes Geschirr. Die Leitung hatte sie in diese Kategorie gesteckt, nach eigenem Gutdünken. Mit ihrer Stellung unter den anderen Gefangenen oder den Lagergesetzen hatte das nichts zu tun. So konnte man in dieser Kaste landen, weil man nicht wusste, welche Mittel es hier gibt, um einen Menschen zu brechen und ihn zum Unterschreiben der benötigten Papiere zu zwingen.

Stellen Sie sich Folgendes vor: Sie sitzen in der »Suite« – eineinhalb auf zwei Meter Fläche, keine Luftzufuhr, zwei Pritschen und ein Fäkalieneimer. Plötzlich öffnet sich die Tür, und noch bevor Sie es geschafft haben, sich den Instruktionen gemäß umzudrehen und die Mülltüte über den Kopf zu ziehen, mit der Neulinge oft ausgestattet wurden, erhalten Sie Schläge in den Rücken und werden mit den übelsten Schimpfwörtern überzogen: »Unter die Pritsche, Abschaum!« Wer das örtliche System nicht kennt, weiß nicht, dass es weitaus schlechter ist, selbst unter die Pritsche zu kriechen, als sich dorthin prügeln zu lassen. Letzteres kann zu bleibenden körperlichen Schäden führen, Ersteres aber macht zusätzlich das gesamte Leben hier zur Hölle. Denn dann kam man anschließend in die »Druckkammer«, eine Zelle, deren Insassen mit der Gefängnisleitung zusammenarbeiteten und einen weiter quälten. Und man wird mit einer »Empfehlung« dorthin gebracht: »Der war unter der Pritsche«.

Eines Tages fragte ich einen Kriminellen mit langer Hafterfahrung, ob er an anderen Orten mit den Lagergesetzen Probleme bekommen werde wegen der Leute, mit denen er hier, in der »Isolation«, in einer Zelle gesessen hat.

»Welche Lagergesetze ... Sollen sie erst mal sagen, was das hier für ein Ort ist. Nur weil sie Gitter vor die Fenster montiert haben, ist das noch kein Gefängnis. Warum sitzen hier Soldaten? Warum werden wir von Milizen bewacht? Warum fahren vor dem Fenster Panzer vorbei? Warum sitzen nebenan Frauen? Wo sind die vorgesehenen Essensrationen? Wir bekommen nicht einmal Brot. Was ist mit den Besuchsterminen von Verwandten und dem Anwalt? Warum sind wir fünfzehn in einer Zelle für drei? Wozu die Tüte, wenn die Tür aufgeht? Warum muss man sich wegdrehen? Wozu morgens diese verdammte Hymne singen? Das soll ein Gefängnis sein? Wir sind im Irrenhaus! Und im Irrenhaus gibt es keine Lagergesetze. Ich habe mit Leuten gesessen, die hatten in den Neunzigern schon dreißig Jahre Knast hinter sich: zahnlose Greise, Gewohnheitsverbrecher von der echten Sorte. Glaub mir, die haben viel gesehen, aber von so was wie hier hat mir keiner erzählt. Und dann dieses Getue mit den ›Herabgesetzten‹ … Die verstehen nicht, dass das unsere Kultur ist, dafür waren wir bereit zu sterben, seit Jahrzehnten wird in den Lagern nach diesen Regeln gelebt. Man kann nicht einfach eine Sturmhaube aufsetzen, eine Kalaschnikow in die Hand nehmen und jemanden zum ›Herabgesetzten‹ erklären. Und überhaupt. Okay, sie haben ihm keinen Schwanz in den Hintern geschoben, sondern eine Elektrode. Ist das besser? Wie soll man das finden? Wenn man danach geht, müsste die halbe Zelle getrennt von den anderen schlafen und aus angeschlagenen Tellern essen. Aber wem kann man das hier erklären?«

Alte und neue Regeln

Überall im postsowjetischen Raum gelten in normalen Lagern »klassische« Regeln der Verbrecherwelt. Diese wurden nie schriftlich festgehalten und haben sich im Laufe der Zeit so sehr verändert, dass bei einem Konflikt zwischen Kriminellen die beteiligten Seiten erst einmal klären, ob die alte oder die neue Auslegung der »Gesetze« gilt.

Die »Isolation« war ein Schock für die Kriminellen. Die Regeln ihrer Welt galten hier nicht. Ihr Selbstverständnis zerbrach, sie wussten nicht mehr, wer sie sind, wo sie sind, wie sie sich verhalten sollen an einem Ort, der einem Gefängnis ähnelte, aber eine Mischung aus Irrenhaus und Armee war. Und dennoch unterschied sich das Verhalten dieser Leute frappierend von dem der Politischen und der verhafteten Kämpfer aus den Milizen.

Auch in der »Isolation« boten sie einem Neuankömmling zuallererst etwas an, starken Tee, ein Stück Seife, falls sich welche fand, eine alte Hose oder ein Hemd. Und erst dann erkundigten sich die Kriminellen alter Schule, wer der Neue ist, wie und warum er hierhergeraten war. Ganz anders die aus den Milizen. War einer von ihnen Zellenältester, wurde der Neue sofort einer Art Verhör unterzogen, um herauszufinden, welchen Platz er bekommt und ob er »auf der richtigen Seite« steht. Niemals hätte sich ein Krimineller vorstellen können, dass der Zellenälteste von der Gefängnisleitung bestimmt wird und dass es ausgerechnet ein Kämpfer aus den Milizen wird, der dann meint, nach den Lagergesetzen zu leben, und dabei genau das Gegenteil tut. Es war absurd.

Oft spielte der Gefängnisleiter selbst auf der Klaviatur der hiesigen »Regeln«. Als wir im Keller der »Isolation« einmal um einen Spiegel baten, erklärte er, wir sollten in den Fäkalieneimer schauen. Natürlich mussten die Gefangenen diesen Eimer selbst aus dem Keller tragen. Er erlaubte das erst, wenn der Eimer bis zum Rand gefüllt war und die Fäkalien beim Tragen auf der steilen Treppe überschwappten und den hinteren Eimerträger besudelten. Oft wurden für diese Arbeit Neuankömmlinge ausgesucht, die die Tüte nicht vom Kopf nehmen durften. Nach ihrer Rückkehr behandelten die vom Gefängnisleiter ausgesuchten Zellenältesten die Besudelten mit größter Verachtung und erklärten sie mit einem Begriff aus der Regelwelt der Kriminellen zu »Unreinen« – was der Leiter der »Isolation« amüsiert über die Videokamera beobachtete.

Die Frage nach dem Spiegel hatte ebenfalls mit dem Spiel auf der Klaviatur der »Regeln« zu tun. Alle waren in der »Isolation« verpflichtet, sich die Haare abzurasieren. Aus Sorge, in die Kaste der »Herabgesetzten« gesteckt zu werden, wenn man sich von einem Mitgefangenen helfen ließ, erledigten dies alle allein. Wer aber auch nur das kleinste Haarbüschel vergaß, konnte vom Chef der »Isolation« verprügelt werden.

So seltsam es erscheinen mag, aber das Leben in Gefangenschaft hat auch Vorzüge. Nicht viele, aber doch einige. Zum Beispiel, dass »ja« immer »ja« bedeutet und »nein« immer »nein«. Hat ein Gefangener »ja« gesagt, sagt dann aber »nein« oder »jein«, wird er bis zum Ende seiner Haft Schwierigkeiten haben. Wie in der Bibel: »Eure Rede aber sei Ja! Ja! Nein! Nein! Was darüber ist, stammt vom Bösen.«

Bei den Treffen zwischen zwei Kriminellen, die der Lösung eines Konflikts dienen, stellen diese nach den »klassischen« Lagerregeln ausschließlich kurze Fragen und erwarten knappe Antworten: »Warst du dort?«, »Das war tatsächlich so?«, »Das hat er wirklich gesagt?« – und jedem war klar, dass die Antwort für Jahre über das Schicksal des Gefragten entscheiden wird.

Das rührt daher, dass die Regeln aus den »geschlossenen« Lagern stammen, Lagern mit besonderen Sicherheitsvorkehrungen für besonders gefährliche Wiederholungstäter. Dort sitzen die Gefangenen oft ein ganzes Jahrzehnt mit denselben Männern in einer Zelle. Manchmal warten sie Jahre, bis einer ihrer Feinde in der Zelle einen Fehler macht. Hass vergeht bei ihnen auch nach einem Jahrzehnt nicht. Und wenn jemand bei der Klärung einer strittigen Situation eine Frage mit »nein« beantwortet, die er Jahre zuvor noch mit

»ja« beantwortet hatte, dann wird ihm das viele Jahre nachgetragen. Die schweren Jungs vergessen und verzeihen nicht. Sie warten und heben das Argument für eine geeignete Situation auf. Daher tut man gut daran, die Worte sorgfältig zu wählen, die man in einem Gefängnis ausspricht.

Einmal wurde mir in der »Isolation« die Nase gebrochen. Es war nicht der Gefängnisleiter, sondern einer der Schwerverbrecher, der seit 23 Jahren in »Geschlossenen« lebte und in den 1990er und 2000er Jahren zu den obersten Ganovenkreisen gehört hatte. Die Stimmung in der Zelle war bereits äußerst angespannt. Niemand redete. Einen Tag zuvor hatte ich gesagt, dass wir uns wegen dieses Schweigens bald wechselseitig abstechen werden. Wir waren so verschieden, dass wir uns manchmal vorkamen wie in einem surrealistischen Experiment, arrangiert für das digitale Auge der Videokamera: ein Journalist, ein ehemaliger Geheimdienstler, ein Berufsverbrecher, ein Spediteur, ein früher ukrainischer Soldat, ein paar Leute aus den sogenannten Volksmilizen und ein Bergarbeiter, der angeblich Spionage betrieben hatte. Nahrungsentzug, 30 bis 50 Gramm Brot am Tag, die Ungewissheit, ob man ausgetauscht werden würde, ganz zu schweigen von diesem Ort als solchem – alle waren so erschöpft, dass ein winziger Funke, ein minimaler Anlass zur Explosion führte. Ich ein Wort, er ein Wort. Er hatte mich missverstanden, ich sagte es ihm noch einmal – und wieder verstand er mich nicht richtig. Und dann: »Ich sage dir unter Zeugen zum dritten Mal: Wenn du nicht das Maul hältst, schlag ich dir die Fresse ein.« Eine Sekunde später war ich voller Blut und Tränen, meine Nase gebrochen. Er hatte mich falsch verstanden, und ich konnte es nicht stehenlassen. Da man ihm sein ganzes Leben im Lager beigebracht hatte, dass man bis zum Letzten kämpfen muss, wollte er mir auch noch ein Auge eindrücken. Wären in der Zelle nicht ein paar andere Jungs gewesen, hätte ich keine Chance gehabt. Einer von ihnen hängte sich dem Zwei-Meter-Kerl an den Hals und zog ihn von mir herunter.

Als ich eine halbe Stunde später mit einer Serviette in der Nase und einem zugeschwollenen Auge auf meiner Pritsche lag, setzte sich dieser Mann neben mich. Er stellte seinen Eisenbecher (die Kriminellen der alten Schule trinken nur aus Metallbechern) zum Kühlen auf mein Auge und sagte: »Stas, ich habe mich noch niemals im Leben entschuldigt.« Auch jetzt entschuldigte er sich nicht. Aber wir verstanden einander, wie sich Gefangene verstehen müssen: ohne überflüssige Worte. Wir waren uns einig, dass das mit meiner gebrochenen Nase und meinem zugeschwollenen Auge von den Wänden um uns kommt und nicht davon, dass heute irgendwer zu irgendwem etwas gesagt hat.

Die interessantesten Gespräche in der »Isolation« waren jene mit den Alteingesessenen, die schon viele Jahre Gefängnis hinter sich hatten. Sie konnten mir nicht nur simple Regeln des Überlebens erklären, die mit den Besonderheiten der Atmung und des Herzschlags in engen Räumen zu tun haben. Sie hatten in dieser 5 × 6-Meter-Welt auch besondere Wertvorstellungen entwickelt. Es geht nicht um solche simplen Dinge wie saubere Bettlaken oder länger als fünf Minuten duschen. Den Wert solcher praktischen Sachen kennt jeder einstige Gefangene. In einem weichen Bett schlafen und nicht auf krummen Planken. Bis heute denke ich beim Bettenbeziehen daran, welch ein Segen das ist. Es geht um bedeutendere Dinge, Dinge, die einen Sinn stiften für diejenigen, die dazu verdammt sind, jahrelang auf Brettern zu schlafen.

Einmal bat ich einen von ihnen um Nitroglycerin, nachdem mein Antrag auf Verlegung in ein normales Gefängnis wieder einmal abgelehnt worden war. Er hatte die Herztabletten vor einem Jahr als »Belohnung« bekommen, nachdem er gefoltert worden war, und Gott allein weiß, wie es ihm gelungen ist, einen ganzen Beutel davon in der »Isolation« vor dem Verschwinden zu retten. Ich wollte eine Herzattacke simulieren, damit sie mich auf die Krankenstation des Gefängnisses bringen. Hauptsache weg von diesem verfluchten Ort. In der »Isolation« hatte es keinen Sinn, dort erreichte man mit so was nichts, außer dass man belächelt wurde. Daher wollte ich es bei einem Transport in die »Zentrale« versuchen. Dass es schiefgehen könnte und ich dabei sterben, machte mir keine Angst.

Der Alteingesessene hörte sich meine Bitte an und erzählte, wie er wegen eines Raubüberfalls seine erste Haftstrafe bekommen hatte. Elf Jahre und gleich in strengem Vollzug. Im Gefängnis schaute er sich lange und aufmerksam seine Zelle an, bis er endlich begriff – also nicht nur mit dem Kopf erfasste, sondern auch fühlte –, dass er hier, nirgends sonst, die nächsten elf Jahre verbringen würde. Er beschloss, sich umzubringen. Aber vorher wollte er noch mit einem der echten Ganoven sprechen, mit dem er bereits vor seiner Verhaftung in Kontakt war. Er rief ihn aus dem Gefängnis an.

Ich weiß nicht, wie dieser Mann ihn überzeugt hat, den Plan aufzugeben, aber der Alteingesessene berichtete mir, das Gespräch sei darauf hinausgelaufen, dass man sich nicht verhärten lassen dürfe. Das sei nämlich das Problem derjenigen, die jahrelang zwischen den Pritschen hin und her laufen. Von den elf Jahren in strengem Vollzug habe er neun abgesessen, ohne zu verhärten. Und hier sitze er erst seit einem Jahr und hasse schon die ganze Welt, sich selbst eingeschlossen. Ob ich einen Anfall simulieren oder mich umbringen wolle, wisse er nicht. Ich solle aber bedenken, verhärtet sterben, das sei das Gleiche wie umsonst krepieren. Das Schlimmste, was ich denen, die dies hier verantworten, antun könne, sei zu überleben und den Leuten draußen zu erzählen, was in der »Isolation« vor sich geht.

Ich denke, es gibt keine größeren Zyniker als diese

Männer, die Jahrzehnte unter strengsten Bedingungen hinter Gitter verbringen. Mit dieser Strenge behandeln sie andere Menschen und sich selbst. Manchmal meint man, dass diese Leute an nichts mehr glauben können. Sie wurden wegen schwerer Verbrechen, wegen Raubüberfällen und Mord verurteilt und versuchen, in diesen Mauern zu überleben. Ein Versuch, der immer mit Lüge, Verrat, Angst und Erniedrigungen einhergeht. Und dann sind es genau diese eingeschworenen Berufsverbrecher, die sich zu dir auf die Pritsche setzen und mit dir sprechen, wenn sie sehen, dass es dir schlecht geht. Sie teilen ihre letzte Habe mit jemandem, den sie vielleicht ein Jahr später ohne Wimpernzucken umbringen.

Ausgerechnet bei diesen Leuten habe ich den größten Hass auf die »Isolation« gesehen. Meinen Hass. Sie hassten diesen Ort nicht, weil sie gefoltert wurden. Und nicht einmal deswegen, weil sie zu zwölf Jahren aufwärts verurteilt waren, wegen Spionage, einem Wort, das sie nur aus Filmen kannten. Ihr Hass rührte von der Absurdität her, davon, dass das alles nur ein Spiel war. In Gefängnissen mit strengem Vollzug hatten sie vieles erlebt, was ihnen nun auch hier widerfuhr. Man hatte sie geschlagen, mit Hunger gequält und in den Karzer geworfen. Allenfalls der Strom war neu. Aber wie mir einer von ihnen sagte: »Ich wusste immer, warum sie das mit mir machen.« Die Entbehrungen sind Teil ihres Lebens, ihrer Weigerung, sich dem System

zu fügen, das sie verachteten. Das alles ergab wenigstens irgendeinen Sinn. In der »Isolation« gab es diesen Sinn nicht. Es war egal, wer man vor der Inhaftierung gewesen war: Krimineller, Grubenarbeiter, Journalist oder Soldat, Mann oder Frau, jung oder alt. Die Sinnlosigkeit der täglichen Leiden spürten diese Leute stärker als diejenigen, für die die »Isolation« das erste Gefängnis ihres Lebens war. Ich gehörte zu den »Neulingen«, aber im Empfinden der Sinnlosigkeit ähnelte ich den Alteingesessenen.

Eine weitere Lagerregel lautet, dass man diesen Ort zerstören muss, statt sich darin einzurichten. Alle Arbeiten, deren Zweck es war, irgendetwas im Gefängnis oder im Lager zu verbessern, waren kategorisch verboten. Ich saß mit einem Menschen, der mehr als ein halbes Jahr im Strafisolator verbracht hatte, weil er die ihm zugeteilte Arbeit verweigerte. Er sollte Draht flechten, der auch zur Absperrung des Lagers verwendet wurde. »Ich werde mich nicht selbst einsperren«, hielt er der Lagerleitung entgegen. Noch lange Zeit später lief er bei den Hofgängen eine Acht in den Boden. Im Strafkarzer wird die Pritsche morgens an die Wand geklappt und erst abends wieder heruntergelassen, und so zog er den ganzen Tag Achter-Schleifen um die zwei Stützen, auf denen die Pritsche nachts ruhte.

In der »Isolation« war alles, von den Fenstergittern bis zu den Pritschen, von den Gefangenen selbst gemacht. Die Mehrheit der Gefangenen wusste nicht einmal, dass die Lagergesetze solche Arbeiten verbieten. Die Wecksirene, der Schrei »Zum Ausgang«, Schläge schon auf dem Korridor und dann den ganzen Tag in sommerlicher Hitze schweißen. Es ging nur ums Überleben. Ob man hier für ein Verbrechen oder für seine Gesinnung saß, interessierte nur die alteingesessenen Kriminellen, von denen einer überzeugter Nazi war.

Normalerweise stehen Tätowierungen mit Nazi-Symbolik – wie Hakenkreuz oder Eisernes Kreuz – in der Gefängniskultur des postsowjetischen Raums für Ablehnung des Gefängnissystems. Wer sie auf dem Körper trägt, arbeitet nie und geht lieber in den Karzer, als dass er den Anordnungen der Lagerleitung folgt. Solche Menschen halten sich an die Lagergesetze und streben in der Hierarchie der Verbrecherwelt nach oben.

Das Besondere an diesem Menschen war, dass er tatsächlich Nazi-Größen verehrte. Er konnte aus dem Leben von Röhm und Heß erzählen, aber wenn die örtlichen »Antifaschisten« ihn mit Isolierband fesselten, behauptete er stur, das Hakenkreuz auf seinem Arm sei Teil des Gefängniscodes.

Ich erinnere mich nicht zufällig an genau diesen Menschen, denn er empörte sich lang über die Klimaanlage in unserer Zelle. »Ein Gefängnis muss zerstört werden, nicht gebaut. Und ihr habt alles Mögliche hierhergebracht.« Weil er wie alle, die mal im strengen Vollzug waren, sogenannte Spezis, Sinn für Humor hatte und wir gut miteinander klarkamen, fragte ich ihn: »Hast du das jetzt als Nazi oder als Krimineller gesagt?« Aber dann obsiegte doch der Wiederholungstäter: Als er erfuhr, dass die Arbeit draußen einen näher an die Kantine brachte, begann er sofort, bei der Errichtung eines Checkpoints mitzuhelfen. Wir trafen uns später noch einmal zufällig beim morgendlichen Hofgang, als er schon in eine andere Zelle verlegt worden war, die mit dem Gefängnisleiter kollaborierte. »Ist es nicht verboten, ein Gefängnis zu bauen?«, fragte ich ihn mit einem Lächeln und erinnerte an die Klimaanlage. Er antwortete: »Ich baue kein Gefängnis, ich baue eine Befestigungsanlage.«

Dieses Schwanken zwischen den alten Regeln und der Anpassung an die Situation in der »Isolation« zeigte sich ständig. Auf der einen Seite galt »Nicht trinken, nicht essen«, auf der anderen wurden Leute im Schlaf geweckt. Das ist nach den Regeln verboten, selbst wenn jemand laut schnarcht. »Der Schlaf ist heilig«, heißt es, denn wer schläft, dessen Bewusstsein ist dem Gefängnis entkommen, und die Haftzeit läuft trotzdem weiter ab.

Das Lagergesetz verbietet es, einen Menschen im Schlaf umzubringen. Damit gab es in der »Isolation« kein Problem, aber die Regel »Wecken verboten« galt nicht. In den Zellen, die mit dem Lagerleiter kollaborierten, wurden Leute, die schnarchten, sogar gezwungen, die ganze Nacht an der Wand zu stehen. Oder ihnen wurde ein »Herabgesetzter« zur Seite gestellt, der die ganze Nacht darauf achtete, dass er nicht einschlief. Daher betrachteten die Kriminellen die Aufseher und die Leute aus den Milizen, die mit ihnen in der Zelle saßen, als »Ballerer«. So bezeichneten sie Leute, die nicht nach den Lagergesetzen lebten, nicht eigenständig denken konnten und nur Befehle ausführten. Wann immer etwas nicht lief, fand sich ein Krimineller in der Zelle, der abwinkte und sagte: »Ballerer. Was will man von denen erwarten.«

Auch uns Politische mochten einige der Kriminellen nicht. Einmal sprachen wir darüber, dass für die Lagerleitung der Begriff »Mensch« nicht existiert. Einer der »Spezis« hörte lange schweigend zu und hielt dann eine Rede, die ich hier nur sinngemäß wiedergebe:

Immer redet ihr von »Menschen«, »Menschen«. Seid

ihr denn noch Menschen? Ihr benehmt euch nicht so. Wenn ihr Menschen seid, warum zittert ihr, wenn die Tür aufgeht? Warum habt ihr sogar in der Zelle immer die Hände auf dem Rücken? Warum geht der da so selten wie möglich zum Eimer, damit er nicht an dem übermalten Fenster vorbeikommt? Weil sie ihm in seiner letzten Hütte gesagt haben: Wenn du noch einmal ans Fenster gehst, dann legen wir dich um! Das Fenster ist übermalt! Übermalt, verstehst du? Man kann nicht raussehen. Aber sie wollen, dass du Angst hast. Ein Klicken, und der ganze Keller springt auf, will sich Tüten über den Kopf ziehen, denkt, gleich geht die Tür auf. Menschen ... Bettenmachen mit dem Lineal, das gibt es nicht mal mehr bei der Armee. Aber hier: Schaut auch nur ein Eck von der Decke raus, geht's in den Karzer. Ich sage nicht, dass ihr den Ärger suchen sollt. Das macht's nur schlimmer. Aber ein wenig kann man dieses System zum Schwanken bringen. Heute haben sie dich aufgeschrieben, weil die Bettdecke nicht richtig lag, du hast sie trotzdem nicht zurechtgerückt, und morgen sagen sie vielleicht schon nichts mehr dazu. Man kommt in den Karzer? Ja, das ist unangenehm. Aber dann weiß man, dass man etwas anderes versuchen muss. Sie haben sogar uns so eingeschüchtert, dass wir bald unter die Pritschen kriechen, einfach um Luft zu kriegen. Ja, ich verstehe euch, manche leben schon zwei Jahre hier und haben nichts anderes gesehen. Ihr wart in keinem normalen Lager und wisst nicht, wie der Mensch da lebt. Echte Menschen und nicht die elenden Geschöpfe, in die sie uns hier verwandelt haben. Ich habe zwanzig Jahre gesessen und weiß einiges. Und eines weiß ich ganz genau: dass dies hier ein Irrenhaus ist.«

Dieser Kriminelle sagte mir noch etwas anderes – und seine Worte zeigten, was die »Isolation« selbst in den Augen derjenigen war, die scheinbar schon alles nur Vorstellbare gesehen hatten:

In unserer Welt gilt: »Respekt vor den Jahren«. Jemand kann zu Recht verurteilt worden sein oder zu Unrecht, er kann sich in der Haft verändert haben oder der Gleiche geblieben sein. Aber wenn du sieben, zehn, zwölf Jahre gesessen hast, dann hört man dir in unserer Welt allein deswegen zu. Du hast das hier gesehen. Vieles an dir gefällt mir nicht. Und dann bist du noch Journalist und ich Krimineller, wir kommen aus verschiedenen Welten. Aber hier kann man jeden Tag locker für fünf zählen. Wenn du hier ein Jahr gesessen hast, dann hast du schon einen Fünfer abgespult. Das sage ich dir, ein Mensch, der sein halbes Leben in Sondervollzug verbracht hat, wo man in die Zelle geht und vom Rauch des brennenden Zeitungspapiers, mit dem die Insassen sich Zigaretten gedreht haben, die Pritschen nicht zu sehen sind. Und doch war es dort besser als an diesem Ort hier. Ich höre mir also immer an, was du zu sagen hast, und alle anderen, die seit einem Jahr hier sitzen und nicht den Verstand verloren haben.

Angst

Die Angst spielt im Dasein eines Gefangenen eine besondere Rolle. Vor allem, weil er kein Leben führt, sondern Teil eines Systems ist, das mit Repressionen und Zwang seine Persönlichkeit brechen, sie auflösen soll in einem mit Befehlen wie »Gesicht zur Wand!« und »Kopf runter« gefüllten Kessel. Die Persönlichkeit soll durch einen einzigen Verhaltensmodus ersetzt werden, der nur eines kennt: sich dem Willen der Gefängnisleitung zu beugen. Wenn es gelingt, einen Menschen so weit zu bringen, dass die Angst ihn nicht mehr loslässt, dann verwandelt sich die Persönlichkeit in weichen Lehm, aus dem man formen kann, was einem beliebt. Es sei denn, die Angst vor Schlägen oder Folter verhindert, dass er jene Befehle ausführt, deren Befolgung ihn genau davor bewahren soll. Dann ist der eigene Wille vollkommen gelähmt, und selbst äußere Stimuli wie Schläge oder Drohungen können ihn nicht mehr aus diesem Zustand herausholen. Oberstes Ziel der Gefängnisleitung in der »Isolation« war also, die Angst in den Menschen zu verankern. Systematische, permanente Angst. Die Folter und die Erniedrigungen waren das Mittel dazu.

Angst gilt als etwas Einförmiges. Das stimmt nicht. Ich habe in der »Isolation« viele verschiedene Abstufungen der Angst erlebt – vom Schrecken beim Gedanken an den Tod, wenn ich plötzlich merkte, dass ich nicht mal mehr atme, bis zu allgemeiner Unruhe. Ich kann nicht einmal sagen, welches die häufigste Art war. Am schlimmsten war die Angst nicht während der Folter, sondern danach, wenn ich mich wieder in relativ sicherer Umgebung befand. Als ich aus dem Keller der »Zentrale« in die helle Zelle der »Isolation« mit Waschbecken und Toilette gebracht wurde, vermied ich jede überflüssige Bewegung, obwohl ich zuvor im Keller immerzu die mir zustehenden sechs Schritte vom Gitter bis zum Bett im Laufschritt hin und her gerannt war. In der »Isolation« war es uns verboten, zu den Fenstern zu schauen – obwohl sie mit weißer Farbe übermalt waren – und ebenso zur Kamera und zur »Futterklappe«, dem kleinen Fensterchen in der Tür, durch das uns das Essen gereicht wurde. Damit waren fast alle Richtungen verboten, und man musste immer geradeaus starren, an die Wand oder auf den Boden. Ich saß da, sagte kein Wort und rührte mich nicht. Das war keine Anordnung der Leitung, sondern ich war so sehr von Angst überwältigt, dass ich sogar vermied, zur Toilette zu gehen. Warum? Ganz einfach: Ich wusste, wohin wir gebracht worden waren.

Ich hatte im Keller der »Zentrale« viel von der »Isolation« gehört, von Leuten, die dort gewesen waren. Besonderen Eindruck hatte die Geschichte von dem Mann hinterlassen, dem sie bei der Stromfolter den Ho-

densack aufgerissen hatten. Als es vorbei war, legten sie ihn in einen Sarg. Der Sarg wurde zugenagelt und aus dem Keller getragen. Draußen schütteten sie Kiesel drüber, für den »Gogol-Effekt«, wie einer der Beteiligten sich ausdrückte.[1] Keinen Anlass zur Hoffnung gaben auch die Worte eines ehemaligen Kämpfers der »Sparta«-Miliz, der von dort in den Keller der Zentrale zurückgebracht worden war. »Wenn du gesund bleiben willst, darfst du nicht in die ›Isolation‹ kommen.« Naiv fragte ich nach Folter mit Strom, worauf er antwortete: »Das war gestern. Manchmal ziehen sie dich nackt aus, zwingen dich, die Wand zu halten, und schla-

1 Der Schriftsteller Nikolaj Gogol/Mykola Hohol (1809-1852) litt unter der Angst, lebendig begraben zu werden.

gen dir von hinten mit einem speziellen Schlauch gegen Hoden und Penis, bis sie anschwellen und groß werden wie bei einem Stier.«

»Die Wand halten« bedeutete, die Handflächen über dem Kopf an die Wand zu legen und so lange zu stehen, bis die Arme und Beine einschlafen und man einfach zusammenklappt. In der »Isolation« wurde das als leichteste Form der Bestrafung angewandt. Während ich mir im Keller der »Zentrale« nach dem ersten Schock Gedanken machen konnte – und sie sogar aufschrieb, ein klares Zeichen psychischer Stabilität, lebte ich in den ersten Monaten in der »Isolation« in dumpfer Angst. Essen und Angst haben – zu mehr waren wir nicht in der Lage.

Die Gefangenen fürchteten sich nicht vor konkreten Schmerzen oder sexueller Gewalt. Wir befanden uns in einer Art Koma. Ganz gleich, ob wir gerade gequält wurden oder nicht. Einer erhielt jeden Tag ein »Brustscreening«. Zum Zeitpunkt der Essensausgabe hielt er seinen Oberkörper vor die Futterklappe, und nach einiger Zeit, niemals sofort, erhielt er durch die Luke einen heftigen Faustschlag gegen die Brust. Bald machten sie sich ein Vergnügen daraus, ihn einfach mit zusammengepressten Augen und am ganzen Körper zitternd an der Tür knien zu lassen, ohne dass er den Schlag erhielt. Genau dies passierte mit uns allen. Egal, ob wir geschlagen wurden oder nicht, wir hatten in jeder Sekunde in Erwartung eines Schlags zu zittern.

Die pathologische Angst der Insassen der »Isolation« verwandelte sich an einem bestimmten Punkt in pathologische Gleichgültigkeit. Daraus folgt keineswegs, dass wir zu Helden wurden. Heldentum bedeutet Angst plus Tat. Unsere Formel lautete: Gleichgültigkeit plus Kollaps. Ein ständiger Stimulus verliert seine Wirkung. Selbst nach einem Schlag mit dem Gewehrkolben gegen die eiserne Zellentür – eine nächtliche Lieblingsbeschäftigung der Aufseher – starren Gefangene, die noch kurz zuvor beim kleinsten Geräusch zusammengezuckt sind, schon bald weiter mit glasigem Blick vor sich hin.

Das absolute Böse

Wenn ich über die »Isolation« spreche, nenne ich niemals Namen, nicht einmal Vornamen. Nicht die Namen der Opfer und auch nicht die der Täter. Mit einer Ausnahme – dem Kommandanten der »Isolation«. Alle nannten ihn Palytsch[1]. Er muss genannt werden, denn ohne ihn hätte es die »Isolation« so nicht gegeben. Und als er im Februar 2018 endlich selbst in den Keller gesteckt wurde, atmeten wir auf, denn damit ging zu Ende, was, wie uns schien, nie enden würde.

Was kann man über einen solchen Menschen sagen? Pathetische Worte wie Ober-Verbrecher, das absolute Böse? Das ist zu abstrakt für einen Mann, der die Seele und den Körper hunderter Menschen zerstört hat. Ein eingefleischter Sadist, Gewalttäter, Henker und Alkoholiker mit klassischer Persönlichkeitsstörung, und gleichzeitig ein subtiler Psychologe und ein Manipulator mit Sinn für Humor. Dieser Mann hatte das System der »Isolation« so eingerichtet, dass die Gefangenen einander zu hassen begannen und an einen Aufstand nicht einmal dachten. Er war in der Lage, einen Menschen halb totzuschlagen und anschließend das

1 Palytsch ist eine verschliffene Form des Vatersnamens Pawlowitsch und zugleich Verballhornung von *palatsch* (russ.): Henker, Folterer.

Gleiche mit jenen zu tun, die jemandem ohne seine Zustimmung auch nur einen Kratzer zugefügt hatten. Auf diese Weise machte er sich seine schlimmsten Feinde gewogen. Er prügelte sie mit der Peitsche, während sie noch das Zuckerbrot im Mund hatten. Er konnte nachts unsere gesamte Zelle zusammenschlagen, uns wie umgeworfene Kegel auf dem Boden herumkicken und am Morgen mit einem Sack alter Pralinen in die »Isolation« kommen und sie an die Gefangenen verteilen. Dabei belegte er diese weiter mit den gleichen Schimpfwörtern, denn sie »zwangen« ihn zu dieser Wohltat.

Ja, er sah in uns Schuldige. Nicht wegen der Taten, die man uns anhängte, oder wegen unserer Ansichten. Politik war ihm vollkommen egal. »Immer schön neutral bleiben«, sagte er gern. Er hasste uns vielmehr dafür, dass er selbst hier gefangen war. Er hatte sich so sehr mit unserem Blut beschmutzt, dass er die Fabrik nicht verlassen konnte, aus Angst vor der Rache derjenigen, die er einst gefoltert hatte. So lebte er im zweiten Stock, direkt über uns. Von Zeit zu Zeit sagte er: »Nicht ihr seid bei mir in Haft, sondern ich bei euch.«

Zum ersten Mal hörte ich von Palytsch im Keller der »Isolation«, wohin ich schon am dritten Tag nach meiner Überstellung aus der »Zentrale« gekommen war. Gerade mal zwei Tage hatte ich oben zugebracht, in der hellen und warmen Zelle, bevor ich mit neun anderen wieder in einem Untergeschoss landete.

Ich hatte bereits anderthalb Monate Kellerleben hinter mir, unter viel schlechteren Bedingungen, so dass der Keller allein mir keine Angst machte. Zumal es hier ein Stehklo gab statt eines Eimers und einen großen Lüftungskasten, der die Feuchtigkeit nach draußen zog. Probleme gab es also nur mit dem Wasser und mit den Leuten. Nach anderthalb Monaten Einzelhaft war ich jeglicher Gesellschaft entwöhnt. Und jetzt warfen sie immer wieder Männer aus den »Volksmilizen« in diesen Keller.

Und dann zischte mir eines Nachts einer der Zellengenossen ins Ohr: »Weißt du, wer hier das Sagen hat?« Bis dahin hatte mich nur der Ort selbst beunruhigt, wer der Kommandant war, beschäftigte mich gar nicht. Etwas in diese Richtung antwortete ich auch. Er lachte und knurrte, das zeige, dass ich keine Ahnung habe, wo ich hier sei.

»Dieser Ort und der Kommandant sind fast das Gleiche«, flüsterte er und bedeckte die Lippen mit den Händen, damit niemand durch die Kamera sehen konnte, dass wir miteinander sprachen. »Palytsch. Du wirst ihn noch kennenlernen. Er stellt sich jedem vor. Egal, lass uns schlafen.«

So kam es auch. Nach einigen Tagen im Keller der »Isolation« öffnete sich kurz vor dem Signal zur Nachtruhe die Tür, und mein Name wurde gerufen. Die Angst fuhr mir in die Glieder. Ich wusste, was das bedeutet: Folter. Ich ging langsam in Richtung Tür und versuchte, meine Tüte ein wenig anzuheben, damit ich den Boden unter mir sehen konnte. »Nimm die Tüte vom Kopf.« Eine von Palytschs Finten. Man glaubt, die eigene Position habe sich verbessert. Bei mir blieb das eine Einzelaktion, ich hatte die Tüte noch acht Monate über dem Kopf zu tragen, selbst beim Hofgang fünfzehn Meter neben der Zelle.

Jetzt war es ohne Tüte noch schrecklicher als mit. Ich bekam einen Zwei-Meter-Mann in Flecktarn mit Kalaschnikow über der Schulter zu Gesicht. Er griff mit einer Hand meinen Hals und drückte mich vor der Zelle an die Wand. Mit der anderen schloss er die Tür.

Ich sah zwei Türen, eine davon führte, wie sich später herausstellte, in den Stehkarzer, die andere in eine Einzelzelle. Die Finger um meinen Hals schlossen sich enger, und ich wurde langsam nach oben gezerrt. Erneut dachte ich, dass die Tüte von Vorteil ist, ich hatte nicht geahnt, wie trostlos es hier aussieht. Ich wusste nichts von der mächtigen U-Boot-Tür mit Drehrad, von den dicken Wänden, von der Feuchtigkeit und dem Halbdunkel. Was ich dann sah, nahm mir jede Hoffnung.

Hergeführt hatte mich ein Mann im Tarnanzug und mit Springerstiefeln. In diesem Raum fläzte sich nun ein Mann in Shorts, T-Shirt und Badelatschen auf einem Sofa. In der Hand hielt er eine Kalaschnikow und spielte an ihr herum. Der Mann im Flecktarn setzte sich neben ihn und verhielt sich jetzt zurückhaltend. Ich setzte mich auf einen mir zugewiesenen Stuhl, ohne recht zu verstehen, wer das ist und was jetzt geschehen wird.

»Stellen Sie sich vor, mit Namen und Paragraphen.«

Zwischen uns stand ein riesiger Monitor, auf ihm ein Dutzend Quadrate, in denen Gefangene in ihren Zellen wie Ameisen umherwuselten. Genau hier, im Monitorraum, entschied sich das Schicksal der Menschen. Wer heute unter die Pritschen geprügelt wird und wer heute davonkommt.

Ich folgte der Anordnung und fragte dann: »Sie sind, wenn ich richtig verstehe, der Leiter Wachschicht?«

Der Mann im T-Shirt grinste und sagte: »Ich bin hier überhaupt der Leiter. Mir untersteht das alles.«

Erst in diesem Moment verstand ich, mit wem ich sprach. Dass der Mann in den Schlappen, dem lächerlichen T-Shirt und der Kalaschnikow jener berüchtigte Sadist ist, von dem mir erzählt worden war. Erstaunlich, er siezte mich durchgehend und spielte dabei an dem Gewehr herum.

Bei diesem ersten kurzen Zusammentreffen schrie mich Palytsch kein einziges Mal an, er beleidigte mich nicht, obwohl er grundsätzlich Gefangene mit Ausdrücken erniedrigte, von denen »Abschaum« und »Schwuchtel« noch die harmlosesten sind.

»Seien Sie ehrlich, haben Sie an Selbstmord gedacht?« Ich wunderte mich über die Frage. Mir fehlte es noch an Erfahrung, ich wusste noch nicht, dass es überall im Gefängnis Ohren gibt, sogar hinter den Wänden. Selbstverständlich hatte Palytsch nicht nur eine offizielle Beschreibung meiner Person aus der »Zentrale« erhalten, sondern auch Hinweise von Zuträgern, zu denen auch Leute gehörten, die mit mir aus dem Keller hierhergekommen waren. Ich verstand, dass Leugnen keinen Zweck hatte, und sagte daher offen:

»Ja, habe ich.«

»Das ist hier nicht erlaubt. Ich warne Sie gleich: Es wird nur schlimmer. Verstanden?«

Ich nickte, obwohl ich noch nicht wusste, was schlimmer als Selbstmord sein könnte und wie ich diesen Satz überhaupt zu verstehen hatte.

Auf dem Monitor sah ich in einer der Zellen einen Mann ruhig auf und ab gehen. Zwei Jahre später war sein Geisteszustand so zerrüttet, dass er versuchte, sich das Gesicht mit der stumpfen Kante eines Metalllöffels zu zerkratzen und sich immer wieder gegen die Gitter warf. Sie brachten ihn in den Karzer nebenan, wo er eine Fliese zerbrach und sich mit der Scherbe die Pulsadern öffnete. Sie verbanden ihn, verprügelten ihn und fesselten ihn mit der unverletzten Hand an die Karzertür, wo er eine Woche in seinen Fäkalien saß, bevor er unter Hohngelächter ins Untersuchungsgefängnis gebracht wurde. Dies war mit »Es wird nur schlimmer« gemeint.

Palytsch hatte sein Ziel erreicht. Mein erster Eindruck von ihm unterschied sich fundamental von dem, was ich einige Wochen später erleben sollte. Den Gefangenen wurde Sand in die Augen gestreut, auch für den Fall, dass sie das unwahrscheinliche Glück hatten, die »Isolation« schon nach kurzer Zeit wieder zu verlassen. Solche Glücklichen erlebten die »Ernüchterung« nicht und behielten ihren ersten, falschen Eindruck von dem Geschehen dort, den sie dann an andere weitergaben.

In aller Ruhe

Schon nach wenigen Wochen erlebte ich einen völlig anderen Palytsch. Er kam mitten in der Nacht zu uns in den Keller, mit einem ihm ergebenen Gefangenen, und erteilte ihm den Befehl, einen von uns nach oben zu bringen. Ich habe die Beschreibung dieser Ereignisse bereits wenige Tage danach im Kopf verfasst. Sie niederzuschreiben wagte ich erst, als Palytsch selbst in den Keller gebracht worden war. Ich gebe den Text hier so wieder, wie er noch »im Keller« als Skizze in meinem Kopf entstand.

Nach viereinhalb Jahren habe ich über diesen Krieg nichts zu sagen. Die Flügel des riesigen Ventilators, sein Rauschen, das Flackern der vergitterten Deckenlampe – mal wird sie dunkler, erlischt fast, dann gleißend hell, dass es in den Augen schmerzt. Der Ventilator, die Lampe und das Rauschen verschmelzen zu einem einzigen Wesen. Es beobachtet uns tagelang, eines der vielen Gesichter dieses Krieges.

Wir hatten uns unter der feuchten Putzdecke bereits hingelegt, als sich plötzlich die Tür öffnete. Wir mussten augenblicklich aufspringen. Einer wurde sofort geschlagen, noch hier im Keller, und dann schreiend nach oben geschleppt. Ein paar Minuten später begann er so wild zu brüllen, dass selbst der Lärm des Ventilators seine Schreie nicht übertönte.

»Journalist, Tüte runter.«

Ich zog die Tüte vom Kopf und sah vor mir einen stämmigen Mann in Shorts und T-Shirt. Vollkommen betrunken. Er schwankte, schaute mich aber sehr aufmerksam an. Die anderen Gefangenen standen weiter unter ihren Tüten zur Wand gedreht neben den Pritschen.

»Brauchst du was?«

»Nein, Herr Vorgesetzter. Keine Klagen. Alles gut«, presste ich mit Mühe hervor.

Eine Weile betrachtete er mich wortlos mit zusammengekniffenen Augen und schwankte dabei. Dann wiederholte er:

»Brauchst du was?«

Ich merkte, dass das keine Frage mehr war, sondern ein Befehl.

»Duschen, Herr Vorgesetzter. Wir wurden schon lange nicht zum Waschen geführt.«

Wir hatten tatsächlich schon zwei Wochen kein Wasser gesehen, und von einer Dusche konnte man hier im Keller nur träumen.

»Morgen wird geduscht, heiß«, antwortete er. »Rauchst du?«

»Nein.«

»Löblich. Los, unterhalten wir uns ein bisschen.«

Wir gingen in eine entfernte Ecke des Kellers, wo ein Metalltisch und Bänke standen, die mit Schrauben am Boden befestigt waren. Kaum hatten wir uns hingesetzt, öffnete sich die Tür, und derjenige, der zuvor so schrecklich geschrien hatte, wurde hereingestoßen. Er fiel auf die Knie, seine Hände waren mit Klebeband zusammengebunden. Er zitterte am ganzen Leib wie eine angeschnippte Metallfeder.

»Bringt ihn her und macht ihm die Hände los.«

Sie setzten ihn neben mich und träufelten ihm Beruhigungstropfen in ein Glas.

»Mir hat das keinen Spaß gemacht. Es gibt keine Wahl, Journalist.«

Ich achtete in diesem Augenblick nicht so sehr auf seine Worte, aber dann wiederholte er:

»Keine Wahl. Ihr unterschreibt, was man euch vorlegt, dann geht's ohne Stress zum Austausch.«

Ich schaute zu dem alten Mann, seine Hände, an denen eben noch Drähte befestigt gewesen waren, zitterten weiter von der Folter. Er konnte kaum das Glas halten.

»Hier gibt es keine Grenze. Ihr werdet sowieso alles unterschreiben. Wozu die Gesundheit ruinieren? Du erklärst ihm das, Journalist.«

Er wandte sich an alle, sprach aber nur mit mir.

»Ich weiß es, du wirst schreiben, dass ihr hier geschlagen und gefoltert wurdet, dass das hier keine Menschen sind, sondern Tiere.«

Ich wollte etwas Beschwichtigendes einwenden, aber noch bevor ich ein Wort herausgebracht hatte, sagte er:

»Aber merk dir das« – er sprach immer schneller und deutlicher, trotz seiner Trunkenheit –, »dieser ganze Krieg hängt von Leuten wie mir ab. Von Leuten, die vor nichts Halt machen. Nicht vor Schreien, nicht vor Flennen und nicht vor Zeitungsquatsch.«

Mit jedem Wort wuchs seine Verachtung für diejenigen, die nicht zu bewusstem Sadismus in der Lage sind.

»Ich bin hier Gott und Kommandant und Richter. Ja, ich foltere, aber ich liefere. Ich erledige in aller Ruhe meine Aufgabe, und besser als ich macht sie keiner. So sind die Zeiten. Verstanden, Journalist?«

Sein Monolog brach unvermittelt ab, er warf uns noch ein »Viel Spaß!« hin, dann war nur noch das Rauschen zu hören. Die Flügel des Ventilators sogen die Feuchtigkeit nach draußen. Manchmal konnte man durch den Schacht Regen riechen. Am Morgen wurden wir zum Waschen geführt.

Die Masken waren gefallen. Von nun an spielte der Chef der »Isolation« nicht mehr den *good cop*. Einige Monate später kam er auch zu uns in die Zelle vier auf einen nächtlichen Besuch. Nach dem Signal zur Nachtruhe hörten wir, wie sich die Türen anderer Zellen öffneten. Kurz darauf drangen dumpfe Schläge, Stöhnen und Schreie zu uns herüber. »Auf den Boden, Abschaum.« Palytsch hatte sich erneut betrunken und zog auf der Suche nach Unterhaltung und einem Opfer durch die »Isolation«.

Eines seiner »Kunststücke« bestand darin, das Türschloss schlagartig zu öffnen, so dass die Gefangenen es oft nicht schafften, von ihren Pritschen zu springen und ihre Tüte über den Kopf zu ziehen. Lange Zeit war das eine seiner Lieblingsbeschäftigungen, für die er sich einen Gefangenen auf einer oberen Liege ausgesucht hatte. Palytsch hatte ihm gesagt, er müsse mit Tüte über dem Kopf heruntergesprungen sein, bevor die Tür aufging. Die anderen Gefangenen auf den oberen Liegen durften bleiben und mussten sich nur auf den Knien zum Fenster drehen. Dieser Mann aber, der ohnedies in ständiger Anspannung lebte, saß rund um die Uhr dort oben mit der Tüte über dem Kopf und lauschte auf jedes Geräusch von der Tür. Vor allem nachts. Meist gelang es ihm nicht, der schikanösen Anordnung nachzukommen, weshalb er ständig geschlagen wurde.

So geschah es auch in dieser Nacht. Ich hatte bereits so viel wie möglich angezogen, damit die Kleider die Schläge dämpfen, falls ich geprügelt würde. Plötzlich öffnete sich die Tür, und selbst ich schaffte es auf meiner unteren Pritsche lediglich, mich aufzusetzen. Der alte Mann über mir erhielt sofort einen Faustschlag gegen den Kopf. Am Morgen stellte sich heraus, dass er sein Gehör teilweise verloren hatte. Jetzt aber mussten wir alle auf die Knie gehen und die Hände hinter den Kopf legen. Dann drängten sich mit Palytsch kollaborierende Gefangene in die Zelle und traktierten uns mit Tritten. Meinen Nachbarn zerrten sie für weitere Schläge auf den Flur. Wir kamen noch gut davon. In der Nachbarzelle hatten sie einen gezwungen, unter die Pritsche zu kriechen und zu bellen wie ein Hund. Außerdem waren auch die Frauen dran. In einer von Palytschs »Suffnächten« hörte ich, wie aus der Nachbarzelle eine alte Frau herausgeführt wurde. Sie brach-

ten sie in den Monitorraum, wo Palytsch lange persönlich auf sie einschlug, während der Leiter der Wachschicht ihn mit Scherzen davon zu überzeugen versuchte, dass er doch die »Alte« in Ruhe lassen solle. Schließlich brachte dieser Mann sie zurück in die Zelle, und ich hörte, wie Palytsch ihm auf dem Weg betrunken nachrief: »Dass du ihr ja nicht hilfst, soll sie selber kriechen.«

Wie standen die Wärter zu Palytsch? Waren alle hier Psychopathen und Sadisten, denen es Freude bereitete, andere Menschen zu quälen und zu erniedrigen? Eindeutig nein. Diese Feststellung schmälert in keiner Weise die Schuld derjenigen, die in solchen Nächten mit schweigender Zustimmung an den Geschehnissen teilhatten. Die meisten folterten »nach Plan«, also auf

Befehl der Obrigkeit. Jeder Neue wurde in der »Isolation« nach kurzer Zeit in den Keller gebracht und auf den Foltertisch gelegt. An den »nächtlichen Visiten« nahmen jedoch nicht alle teil. Außerdem sahen wir beim Hofgang Spuren von Kugeln in der Wand: Damit er ein wenig zur Besinnung kommt und niemanden umbringt, hatten Palytschs Leute ihr Gewehr auf ihn gerichtet und daneben gezielt. Später waren es auch die Wärter, die dafür sorgten, dass er an jenem denkwürdigen Tag im Februar 2018 von hier weggebracht wurde: Sie riefen seine Vorgesetzten in die »Isolation«.

Es war die Nacht, in der endlich der Knüppel brach, den Palytsch hier so oft geschwungen hatte. Einer der Gefangenen hatte dafür seine Gesundheit lassen müssen. Er war im ersten Stock die halbe Nacht in einem Metallzuber hin und her geschubst worden. Das war eine der nächtlichen Vergnügungen: einen Menschen in eine solche Schüssel setzen und ihn von Wand zu Wand stoßen und zwischendurch mit Tritten zu traktieren. In seiner letzten Nacht als Kommandant der »Isolation« verlor Palytsch endgültig die Kontrolle über sich. Mitten in der Nacht hörten wir plötzlich aggressive Musik und dann heftige Schläge gegen die Zellentüren. Es war klar, dass ein neuer Albtraum begann. Ich saß zu dieser Zeit in der Fünf, gegenüber der Sieben, wohin sie die Frauen gesteckt hatten. Meine Pritsche war direkt neben der Tür. Mir war klar: Wenn sie die Tür öffnen, bin ich als Erster dran. Daher lag ich mit dicken Sachen unter der Decke und bereitete mich auf Schläge oder den Keller vor.

Die Frauen wurden zuerst geschlagen. In der Sieben waren zu diesem Zeitpunkt überwiegend junge Frauen unter dreißig. Trotz der lärmenden Musik hörte ich hinter der Wand die Schläge und das Stöhnen. Dann schrie Palytsch sie an: »Ihr Schlampen, ihr blast mir jetzt einen.« So zog er die ganze Nacht von Zelle zu Zelle. Nur in unsere Fünf kam er nicht. Viele Zellengenossen behaupteten später, dass er wegen mir nicht kam, damit ich es nicht mit eigenen Augen sehe. Ich bezweifle das. Er verlor in dieser Nacht endgültig den Verstand und dachte in diesen Stunden wohl kaum an mich.

Am nächsten Morgen wurden alle, denen über Nacht nicht die Knochen gebrochen worden waren, zur Arbeit gejagt. Ich wurde wie üblich in der Zelle gelassen und hörte ihn ein letztes Mal, diesen Mann – er stand immer noch unter Alkoholeinfluss. Offenbar hatte ihm der Leiter der Morgenschicht gesagt, dass in der Acht einer der zusammengeschlagenen Gefangenen kein Auge mehr öffnen kann. Sein Gesicht war nur noch eine blutige Masse. Ich hörte ein letztes betrunkenes Brummen von Palytsch: »Das ist kein Problem, kein Problem.« Damit war jedoch nur für mich alles zu Ende.

Der Chef der »Isolation« machte sich in seinem Rausch an die Besichtigung seiner »Plantagen«, wie wir jene Bereiche des Fabrikgeländes nannten, in die

die Häftlinge zur Arbeit geführt wurden. Einige Zeit später hörte ich Schreie unter dem Fenster und eine Salve aus einer Maschinenpistole. Dann war zu hören, wie die Gefangenen hastig in ihre Zellen zurückgetrieben wurden. Auch in unsere Zelle kehrten einige zurück, einer mit einem blutunterlaufenen Auge und einem ausgeschlagenen Zahn. Palytsch hatte seine Prügelorgie fortgesetzt, und die Wache sah sich gezwungen, seine Vorgesetzten zu rufen. Diese hatten geschossen.

Nach diesem Morgen sah und hörte ich ihn nicht mehr. Erst wurde er in unseren Keller gesperrt, dann bekam er einen eigenen Waggon auf dem Gelände der »Plantagen«, wohin ihm Gefangene, die er noch einige Zeit zuvor verprügelt hatte, sein Essen brachten. Erstaunlich, wie sich das Verhältnis der Gefängnisleitung zu ihm änderte. Einem der Gefangenen, dem Palytsch sexuelle Gewalt angetan hatte, wurde nun nahegelegt, das Gleiche mit ihm zu tun. Jetzt war er selbst hilflos. Gefangene, die zur Arbeit aus der Zelle geführt wurden, erzählten mir, dass Palytschs vormalige Untergebene ihn nun zwangen, seinen eigenen Fäkalieneimer aus dem Waggon zu tragen.

Schließlich verschwand der Mann einfach, er löste sich auf, erst im Sommer wurde er erneut von Gefangenen gesehen, als diese von der Arbeit zurückgeführt wurden: Palytsch stieg mit irgendwelchen Leuten in den Keller. Mehrmals wurde er in der »Isolation« noch in dieser seltsamen Rolle gesehen. Nein, solche

Leute verschwinden nicht einfach – sie werden bis zum Ende ihrer Tage eingesetzt. Es ist bequem, jene für sich foltern zu lassen, die »vor nichts Halt machen«.

Wenn man eine sehr enge Mütze aufzieht und sie dann rasch abnimmt, spürt man noch lange den Druck.

Ich weiß nicht, was die anderen Gefangenen empfanden, als sie verstanden, dass sie nachts jetzt einfach schlafen können. Mir ging es wie mit der Mütze. Mir schien immerzu, dass in jedem Moment ein anderer an seinen Platz tritt oder sogar er selbst wieder eingesetzt wird. Dass die Frauen wieder vor Schmerz schreien und die Folter unter Chorgesang zurückkehrt. Aber es verging ein Monat, ein zweiter – und alles blieb still. In der »Isolation« wurde weiter gefoltert, in unsere Zelle wurden weiter Männer mit Brandwunden von den Drähten gebracht. Weiter wurde nächtelang »die Wand gehalten«, bis die Beine so anschwollen, dass das Opfer zusammenbrach.

Und doch schien es uns, als sei Stille eingekehrt.

Wahnsinn oder Norm?

Der seelische Zustand der Gefangenen in der »Isolation« hing davon ab, welchen Druck die Gefängnisleitung, aber auch die anderen Insassen auf sie ausübten. Anders gesagt: von ihrem Platz in der Hierarchie. Je grausamer die physische und psychische Gewalt, desto stärker veränderte sich die Persönlichkeit, rasch war sie nur noch ein Abdruck der äußeren Umstände.

Ganz unten standen die »Herabgesetzten«. Sie waren »unberührbar«, sie durften nicht mit der bloßen Faust geschlagen werden – was natürlich trotzdem oft geschah. Doch meistens wurden sie getreten oder mit allem geschlagen, was gerade zur Hand war. Einmal zerschlugen sie einen Stuhl auf dem Rücken eines Mannes ganz unten in der Hierarchie. Und doch war es die seelische Grausamkeit, die ihn brach.

Er hatte sich aus Papier ein Barett gefaltet und ein Gewehr gebastelt. Jedes Mal, wenn die Gefängnisleitung ihn zwang, Lieder zu singen, setzte er dieses Barett auf und präsentierte das Gewehr. Es hatte sogar so etwas wie eine Seriennummer, bestehend aus mehr als zwanzig Ziffern und Flüchen, die er fehlerlos aufsagen musste, wenn er mitten in der Nacht zu diesem Zweck geweckt wurde. Verwechselte er auch nur eine Zahl, wurde er getreten. Manchmal wurde er unter die Pritsche gejagt und gezwungen, dort wie ein Hund zu bellen oder die Quadrate auf dem Bodenbelag unter der Pritsche zu zählen. Er bezeichnete sich allen Ernstes als Schauspieler und ging ganz in seiner Rolle als »singender Nachtwächter« auf. Das Grauen verwandelte er auf diese Weise in ein Bühnenstück, was ihn wahrscheinlich vor dem Verrücktwerden bewahrte.

Besonders niedergeschlagen war er, wenn ihm seine reale Lage zu Bewusstsein kam. Aber man musste nur das Gespräch auf die Schläge und die Erniedrigungen bringen, dann wurde sein Blick glasig, und er bezeichnete das Geschehen als »Wille Gottes« oder erklärte es mit seinem Paragraphen. Meistens wollte er aber gar nicht darüber reden und sagte: »Mir ist schon alles egal.«

Realitätsverweigerung zum Selbstschutz betrieben auch jene, denen lebenslängliche Haft oder die Todesstrafe drohte. Ich saß mit zwei solchen Männern in einer Zelle, und beide hofften entweder, dass die Kämpfe im Donbass wieder aufflammen, oder dass die Ukraine sie befreit – obwohl sie beide Angehörige der »Volksmilizen« gewesen waren und gegen die ukrainische Armee gekämpft hatten. Sie hatten zweifellos Verbrechen begangen, die sie auch nicht leugneten, und waren doch davon überzeugt, dass sie zu Unrecht hier saßen. Einer von ihnen erklärte immer wieder, es könne doch nicht sein, dass wir »Ukros« ausgetauscht werden, während er, der für die »Republik« gekämpft habe, hier versauerte. Der Gedanke, dass wir freikommen könnten, gab ihm Hoffnung, dass auch er das Gefängnis verlassen würde, obwohl wir in einer völlig unterschiedlichen Lage waren.

Sämtliche Nachrichten, die in unsere Zelle drangen, deuteten sie als Anzeichen, dass »das hier bald vorüber ist«. Daher waren sie in besserer seelischer Verfassung als diejenigen, die sich ernsthaft Hoffnung auf einen baldigen Gefangenenaustausch machen konnten. Andererseits waren diese zu lebenslangen Haftstrafen verurteilten Männer nach der Folter, der Einzelhaft und den Erniedrigungen oft nicht mehr in der Lage, beim Lesen auch nur einen einzigen Satz zu erfassen. Es war, als starrten sie auf ein leeres Blatt.

Die Enge der Zelle brachte einen von ihnen fast um den Verstand. Aber kaum hatte er ein Buch geöffnet, schlug er es fluchend wieder zu und ärgerte sich über sich selbst, dass es ihm nicht gelang, auch nur zwei Seiten zu lesen. Er konnte an nichts anderes als an seine Lage denken. So ging es immerfort, bis eine neue Nachricht in die Zelle drang, die sie nutzten, um die Realität zu verdrängen.

Dem Selbstschutz diente auch die absolute Gleichgültigkeit gegenüber dem Leiden der Mitgefangenen, die gerade das erlitten, was man selbst zuvor durchgemacht hatte. Einmal war ich gerade dabei, mit meinem Zellengenossen Hafergrütze zuzubereiten, die wir von zu Hause geschickt bekommen hatten, als Schreie aus der Nachbarzelle herüberdrangen. Bis zum Herbst 2017

war noch im Keller gefoltert worden, danach waren sie dazu übergegangen, es gleich nebenan zu tun. Sie quälten jemanden mit Strom, das war am charakteristischen Stampfen der Füße zu erkennen. »Sprinter« hieß das in der »Isolation«. Die Drähte wurden an den großen Zehen befestigt, und beim Aufdrehen des Stroms begann das Opfer zu »rennen«. Mein Zellengenosse wurde blass und brachte keinen Löffel herunter. Ich hingegen begann nach zwanzig Minuten doch zu essen und erklärte, dass sie so oder so mit der Folter weitermachen würden, dass aber die Grütze gerade kalt wird und sich in einen Klumpen verwandelt.

Ein anderes Mal fehlte einer aus unserer Zelle beim Signal zur Nachtruhe, er war noch nicht zurück von der Arbeit, zu der er am Morgen gebracht worden war. Es war klar, was das hieß: Er wird gefoltert. Mein Pritschennachbar, der erst seit einem Monat hier saß, machte sich große Sorgen und wiederholte die ganze Zeit: »Was passiert wohl gerade mit Sergej?« Uns allen war klar, dass Sergej in diesem Moment mit Isolierband gefesselt auf einem Tisch liegt und Drähte an seinen Genitalien angebracht sind. Ich war zu diesem Zeitpunkt bereits anderthalb Jahre in der »Isolation«, und der unaufhörliche Strom der Sergejs hatte jedes Mitgefühl in mir abgetötet. Er nervte mich einfach nur mit seiner Fragerei nach diesem Sergej. Kein Tag verging, an dem nicht gefoltert und mitten in der Nacht ein halbtoter Körper mit Brandwunden an den Händen und Füßen aus dem Keller zurückgebracht wurde. Als der Neue erneut mit Sergej anfing, knurrte ich: »Und wenn sie jetzt seinen Kopf durch die Futterklappe werfen, ist mir das auch egal.« In seinen Augen war ich natürlich ein moralisches Monster. Aber ich empfand keine Schuld. Das Wort »Mensch« war für mich nur noch eine Fiktion.

Natürlich wandte ich mich in dieser Nacht nicht nur von meinem Zellengenossen ab, der später halbtot hereingebracht wurde. Und ich ärgerte mich nicht nur über den anderen Mitinsassen, der noch in der Lage war, im Angesicht des Leidens anderer etwas zu empfinden. Vielmehr schirmte ich mich auch davor ab, an meine Mutter zu denken, die schon seit einem Jahr jede Nacht wegen ihres Sohnes weinte, allein zwei alte Menschen zu versorgen hatte und ihr letztes Geld für Lebensmittel ausgab, die bei mir nie ankamen. An die Frau zu denken, die ich liebe und die Jahre ihres Lebens mit Warten verbringt und nicht weiß, wo ich bin. Und an die Frau jenes Menschen, den sie in seinem Auto zu Tode geprügelt haben, und der sie gesagt haben, er sei nach Russland gefahren und dort wohl untergetaucht. Und an die junge Mutter, die Palytsch vergewaltigte, während der Ehemann mit ihrem Kind auf dem Arm zu Hause auf sie wartete. Ich hasste mich dafür, dass ich all das mit ansah und davon wusste. Würde ich davon erzählen können? Und wem? Wie? Die bloße Vorstellung, allein der Gedanke daran, zerreißt einen in Stücke, mit diesen Erinnerungen kann man keinen einzigen Tag weiterleben. Ich krümmte mich unter der Decke zusammen und versteckte mich vor dieser Welt, in der Gefangene nachts zur Folter in den Keller geholt werden.

Ein solcher »psychologischer Separatismus« war auch bei anderen Gefangenen zu beobachten. Sie brachen in hysterisches Lachen aus, sobald das Gespräch auf die Vergewaltigungen kam oder auf die aufgerissenen Hodensäcke bei der Folter. Hass, Abscheu oder Angst wäre die natürliche Reaktion gewesen, doch die Gefangenen der »Isolation« lachten Tränen oder rissen ihre Witze. Das tägliche Geschehen bestimmt, was die Norm ist. Der Versuch, sich der Folter und den Erniedrigungen ernsthaft zu stellen, hätte in den Wahnsinn geführt. Die Dinge, die sich abspielten, waren so furchtbar, dass man sie als normal betrachten musste, um nicht den

Verstand zu verlieren. So wird der Schrecken zur Norm. Dies ist der Grund für die Gleichgültigkeit und sogar Ironie im Angesicht des Leidens anderer.

Unmittelbar damit verbunden war das Verständnis für jene Wärter, die nicht folterten und schlugen, sondern »einfach ihren Job machen«, wie es manche von uns nannten.

Verhielt sich der Feind menschlich, war man dankbar, man fühlte sich ihm daher verpflichtet und zuletzt auch schuldig, weil man diese Verpflichtung nicht einlöste. Viele hatten sich vorgenommen, nach ihrer Freilassung von all dem zu erzählen, was in der »Isolation« geschah. Aber damit würde man ja auch jene belasten, die uns einen guten Morgen wünschten, statt uns zu schlagen und zu beschimpfen. Die Unterscheidung zwischen guten und schlechten Feinden führte bei einigen Gefangenen dazu, den einen Verständnis entgegenzubringen und die anderen nur noch mehr zu hassen. Das Stockholm-Syndrom wurde umso stärker, je mehr sich ein anderes Syndrom verflüchtigte: das automatische Anspannen der Muskeln bei jedem Geräusch an der Tür, das der »Isolation« unausweichlich eine weitere Prügelorgie ankündigte.

Nur äußerst selten zeigte einer der Männer ein Gefühl, das nicht durch die extreme Situation verzerrt war: Er weinte. Nur zwei Mal habe ich jemanden schluchzen sehen. Stöhnen und Schmerzensschreie gehörten zum Alltag der nicht heilenden Brandwunden und gebrochenen Rippen. Einen Mann, der nie Gefühle zeigte, plötzlich in Tränen zu sehen – das war viel schwerer zu ertragen.

Das eine Mal war im Sommer 2017. Der Mann, mit dem ich damals im Keller saß, ein Muslim, erhielt erstmals seit seiner Ankunft in der »Isolation« eine Lebensmittelsendung von seiner Familie. Das Päckchen war wie immer aufgerissen, vieles daraus gestohlen. Er legte die Reste schweigend und ohne sichtbare Emotionen auf den Metalltisch. Da entdeckte er einen Zettel, den die Wärter übersehen hatten. Er trat damit in eine Ecke, und kurze Zeit darauf brach er in lautes Schluchzen aus. Er hatte keine furchtbare Nachricht erhalten. Der Zettel war von seiner kleinen Tochter. Die Kinderhandschrift brachte einen Mann zum Weinen, der während der nächtlichen Überfälle schweigend und ohne Regung mit seiner Tüte auf dem Kopf dastand.

Ein Jahr später sah ich jemanden weinen, von dem ich es am wenigsten erwartet hätte, einen der schweren Jungs, der wegen immer neuer Gewaltverbrechen seit mehr als zwanzig Jahren in besonders strengen Lagern saß und von Kopf bis Fuß mit Kirchenkuppeln und Madonnenbildern tätowiert war. Sein gesamtes Leben hatte ihm das Messer locker in der Tasche gesessen, für Obrigkeiten hatte er nur Verachtung übrig. Jetzt saß dieser Mann weinend in einer Ecke, nachdem er in einer Scheibe Speck einen Zettel seiner Mutter gefunden hatte. Noch eine Stunde zuvor war er mit jener heroischen Gleichgültigkeit durch die Zelle geschritten, die sich alle Dauerinsassen zulegen. Jetzt saß da ein kleiner Junge und stammelte unter Tränen: »Ach Mama, wieder musst du auf mich warten.«

Die Gefangenen in der »Isolation« schützten sich mit Apathie und waren gezwungen, eine soziale Rolle zu spielen. Doch ihre Gefühle hatten sie nicht verloren. Und es gab etwas, das ihnen die Kraft zum Weiterleben und ihrem Dasein Sinn verlieh: die Hoffnung, dass es Menschen gibt, die sie nicht vergessen haben.

Die Unterwerfung der Persönlichkeit wurde in der »Isolation« in erster Linie durch Abrichtung, Konditionierung erreicht. Uns wurde wie Hunden etwas antrainiert: Angst.

In den meisten Zellen gab es im Herbst 2017 weder ein Radio noch eine Uhr. Nur die Sirene des nahegelegenen Eisenwerks gab Auskunft über die Uhrzeit. Sie ertönte mehrmals am Tag, unter anderem um sechs Uhr morgens und um zehn Uhr abends, also zu den Zeiten der Nachtruhe. Die Sirene war allerdings in der Isolation nur schwach zu hören, und der Kommandant der Isolation liebte es, am Monitor zu beobachten, ob einer der Gefangenen das Signal überhörte – worauf es keine zwanzig Sekunden dauerte, bis die Wachen erschienen und die Unachtsamkeit mit Karzer oder Schlägen bestraften – oft mit beidem. Abends löste die Sirene zudem Unruhe und Angst aus. Oft hatten die Gefangenen sich gerade ausgezogen, als der Schlag mit dem Gewehrkolben gegen die Eisentür ertönte. »Aufstehen« – und wieder eine der nächtlichen »Prozeduren«. Unsere Nachbarzelle stand einmal fast bis zum Morgen, niemand durfte auf die Toilette, und einige hatten die gesamte Zeit die Tüte auf dem Kopf.

Im September 2017 war ich mit den Nerven so am Ende, dass ich mehrfach mitten in der Nacht aufsprang und die anderen in der Zelle weckte. Ich war überzeugt, die Werkssirene gehört zu haben. Den anderen passierte das auch. Wahrscheinlich wirkten wir von außen wie vier Verrückte, die nachts immer wieder aufspringen, sich anziehen, lauschen – und sich dann nach einer Minute wieder hinlegen.

Nach diesem Prinzip wurde in der »Isolation« das kollektive Singen eingeführt. Eines Tages öffnete sich die Futterklappe, und Palytsch schob ein Blatt Papier hindurch. »Auswendig lernen. In einer Stunde wird gesungen. Wer Fehler macht, kommt in den Karzer.« Klappe zu. Der Zellenälteste hielt einen Zettel in der Hand, mit dem Text eines sowjetischen Lieds aus dem Zweiten Weltkrieg. Eine Stunde später wurde die gesamte »Isolation« einschließlich des Kellers ins Freie geführt. Einige Neue hatten Säcke über dem Kopf. Palytsch saß auf den Stufen am Eingang und beobachtete aufmerksam, wer den »Heiligen Krieg« noch nicht auswendig konnte.

Von diesem Tag an wurden in den Zellen sowjetische

Lieder gelernt. Das Absingen war nun fester Bestandteil der »Begrüßungsfolter« für Neuankömmlinge. Kaum war jemand aus der »Zentrale« hergebracht worden, mussten die in der Nähe des Monitorraums gelegenen Zellen aufspringen und ein sowjetisches Lied singen. Dann wussten auch die anderen, dass wieder jemand an den Kabeln liegt. Psychologisch war es besser, wenn man selbst sang, es lenkte ab, während das Zuhören nur Angst machte, was die Leitung ja auch erreichen wollte.

Es ist schwer zu sagen, wer in diesem Moment mehr Schrecken und Erniedrigung durchlebte: wir, die wir unter den Schreien eines Menschen »Den Folterknechten Widerstand!«[1] sangen – oder der andere, der mit Drähten an den Fingern dalag und diesen Chor hörte, sobald der Strom aufgedreht wurde.

Eine der auf den ersten Blick weniger auffälligen Maßnahmen der Gefängnisleitung zur psychologischen Einwirkung auf die Gefangenen war schließlich das permanente Beschimpfen.

Während der Folter sollte das Anschreien der »Volksverräter« die Wirkung des Stroms noch verstärken und

1 Zeile aus dem Lied »Der heilige Krieg«. Nach üblicher Lesart wurde es nach dem Überfall des Deutschen Reichs auf die Sowjetunion geschrieben und ab Herbst 1941 jeden Morgen vom sowjetischen Rundfunk gesendet. Manche gehen davon aus, dass die Melodie und Grundzüge des Texts bereits gegen Ende des Ersten Weltkriegs entstanden.

den Opfern Angst und Schuldgefühle einflößen. Über viele Monate hinweg wurden wir rund um die Uhr erniedrigt, einige auch über Jahre. An manchen Tagen wurden die Gefangenen nicht geschlagen, aber mit Wörtern wie »Abschaum« und »Schwuchtel« angesprochen. Sie mussten reagieren, denn wer es nicht tat, erhielt Prügel mit dem Stock, kam in den Keller oder in den Karzer. Daher ließen sich die Gefangenen mit der Zeit auf das »Spiel« ein, doch bei diesem Räuberschach konnten sie nur verlieren. Sie verloren ihren Willen, akzeptierten die Rolle des »Abschaums«, ohne dass es ihnen noch aufgefallen wäre.

Es ist erwiesen, dass ein Mensch nur fest davon überzeugt sein muss, dass ein Gegenstand glühend heiß ist, damit er Brandwunden davonträgt, wenn er diesen berührt. Ebenso verspüren gesunde Menschen Krankheitssymptome, wenn alle um sie herum erkrankt sind. Etwas Ähnliches geschah auch hier: Menschen, denen jeden Tag eingetrichtert wurde, dass sie Abschaum sind, verloren mit der Zeit ihre Willenskraft und ihr Würdegefühl. Sie reagierten nur noch mit einem stumpfsinnigen Lächeln, wenn jemand sie »Hey, Schwuchtel« rief.

Zeit in Gefangenschaft

So seltsam es ist, Sitzen will gekonnt sein. Damit meine ich weniger die üblichen Knastregeln als das Ertragen der Zeit, die hier dein größter Feind ist. Weder die Leitung noch die anderen Gefangenen sind eine solche Bedrohung wie der Überschuss an freier Zeit, der selbst die Pragmatischsten und Bodenständigsten zwingt, über ihre Situation nachzudenken. Überspitzt gesagt: Die Bedrohung des Lebens durch die Leitung mobilisiert den ganzen Organismus, während freie Zeit zu Depressionen und Selbstmordgedanken führt.

Ich gebe ein Beispiel: Nach der Verlegung in die »Isolation«, in eine halbwegs warme Zelle mit ordentlicher Pritsche und Bettdecke wurde ich krank. Und erst da fiel mir auf, dass ich in den anderthalb Monaten vorher, im Keller der »Zentrale«, wo ich mitten im Sommer den eigenen Atem sehen konnte und die Wände mit Schimmelmustern überzogen waren – dass ich mich dort nicht einmal erkältet hatte. Mein Organismus befand sich damals im Schockzustand. Ich war gefoltert worden, hungerte und fror ständig und musste fünf bis sechs Stunden am Tag immer wieder die unseligen fünf Meter vom Gitter zur Pritsche auf und ab trotten, um mich wenigstens ein bisschen aufzuwärmen. In einer solchen Extremsituation werden

Reserven mobilisiert, von denen der Körper nichts ahnt.

Für die Psyche gilt das genauso. Wenn man mitten in der Nacht stundenlang kerzengerade steht und betet, dass die Tür nicht aufgeht und man nicht wieder geschlagen wird, kommt man gar nicht erst zum Nachdenken. Alle psychischen Vorgänge sind auf die Geräusche außerhalb der Zelle gerichtet, der Körper wird zu einem einzigen angespannten Muskel, jederzeit auf den nächsten Schlag gefasst. In diesem Moment gibt es für den Gefangenen nur ein Ziel: zu überleben.

Freie Zeit in Räumen mit Gittern und Vorhängeschlössern unterminiert dieses Ziel. Sie wirkt wie ein Röntgengerät, das die Person an sich zum Vorschein bringt: ihre Vorstellungen, Ziele, Hoffnungen, oft mit dem Stempel »Abgelaufen« versehen. Man muss sich das konkret vor Augen führen:

Morgens um sechs Wecksignal und der Befehl »Aufstehen!«. Man erhebt sich von der Pritsche und stellt sich am Waschbecken oder Klo an. Eine Stunde später wird durch die Futterklappe ein Teller mit etwas Essen gereicht. Der Hofgang dauert ganze fünf Minuten. Das ist schon alles, was den ganzen Tag über passiert. Fünf mal sieben Meter, zwölf Leute, die immergleichen Gesichter, eine trübe Lampe. Und so geht das monate- oder jahrelang.

Wenn man gerade erst in diesem System gelandet ist, kommt der Schock schon nach wenigen Stunden. Alle schweigen. Einer liest, der andere hockt auf seiner Pritsche, das Gesicht in den Händen vergraben. Einige flüstern kaum hörbar ein Gebet. Alle Gespräche sind längst geführt worden, die Lebensgeschichten aller Mitinsassen bis ins Kleinste bekannt. Die Tür wird nicht aufgehen, auch heute wird sich nichts ereignen. Sogar wenn man einfach nur so seine Zeit absitzt, ohne in den Genuss des speziellen Unterhaltungsprogramms in der »Isolation« zu kommen, muss man immer noch sich selbst ertragen. Das eigene Spiegelbild im Blick des Gegenübers, der verrät, dass sein letzter Gedanke beim Einschlafen und der erste beim Aufwachen seinem Sohn galt, den er seit über einem Jahr nicht gesehen hat, und dass er wieder in der Zelle erwacht ist, mit Leuten, deren Anblick er nicht mehr erträgt. Egal, wie man sich ernährt, den Körper fit hält und versucht, positiv zu denken – das System zehrt einen Stunde um Stunde von innen auf. Man verliert Gewicht, das Gesicht wird grau und fällt ein, man isst und spricht immer weniger, schrumpft zusammen, reduziert auf das nackte Dasein.

Viele Gefangene bewegen sich ausschließlich in ihrem vergangenen Leben – sie nehmen sich aus der Gegenwart heraus, und an Zukunft denken sie sowieso nicht. Das war auch an der Sprache zu merken. Gefangene, die schon ein Jahr einsaßen, redeten immerzu in der Vergangenheitsform, als seien sie in der Gegenwart nur zur Erinnerung fähig. Ein Alteingesessener sagte

»ich wusste«, »ich mochte« oder »ich konnte«. Als ob er bereits tot wäre, sagte er »Ich mochte Krabbensalat«. Die neu eingetroffenen Bewohner der »Isolation« schmiedeten hingegen noch Pläne und plagten sich wegen unbezahlter Versorgungsrechnungen.

Die Zeit lässt Menschen verhärten, besonders an einem Ort wie der »Isolation«. Immer öfter legte ich einen Filter vor meine Gefühle und betrachtete alle Neuankömmlinge nur noch mit Zynismus. Vor allem diejenigen, die nie in Kontakt mit der Verbrecherwelt waren und auch mit diesem Krieg nicht das Geringste zu schaffen hatten. Sie wollten einen sogar siezen. Ich sah ihre saubere Kleidung, die frisch geschnittenen Haare, den angstfreien Blick und dachte: In ein paar Tagen wird davon nichts mehr übrig sein. Es werden ihnen Dinge zustoßen, die sie mitten in Donezk nie für möglich gehalten hätten. Man wird sie zu einem leblosen Stück Fleisch machen, einem bloßen Organismus, der sich unter Stromstößen windet und seine Peiniger anfleht, die Frau oder Tochter nicht »die Runde machen« zu lassen – das stellten sie in der letzten Zeit allen in Aussicht, die durch diesen Donezker Keller gingen. Und dann war es vorbei mit dem »Sie«. Der Häftling schaut stunden- und tagelang zu Boden und schweigt. Später, wenn er das Gewünschte unterschrieben hat, kriegt das, was von ihm noch übrig ist, Nudelsuppe und ein Paar Socken aus einem aufgerissenen Päckchen von zu Hause. Und dazu unweigerlich die Bemerkung der »Ermittler«: »Siehst du, wenn du dich anständig verhältst, tun wir's auch.« So geht das Monat für Monat, jahrelang. Wenn man dauernd darüber nachdenkt, wird man schlicht verrückt. Deshalb ist es so wichtig, die Zeit umzuwandeln – in Schritte von Pritsche zu Pritsche, gelesene Bücher oder Fitnessübungen. Natürlich in den Grenzen des hier Möglichen, aber selbst in der Einzelhaft des Kellers, wo es nichts als Schimmel und Feuchtigkeit gab, bin ich täglich zwanzig Minuten gejoggt.

Das zu verstehen heißt allerdings nicht automatisch, dass man es auch mit Erfolg umsetzt. Neben den üblichen Depressionen, die die meisten Gefangenen in der »Isolation« durchmachten, überkam mich mehrmals im Monat heftige Panik, wenn ich darüber nachdachte, wie viel Zeit ich hier womöglich noch verbringen würde. Mitten in der Nacht hatte ich plötzlich Atemnot und tat dann so, als müsse ich aufs Klo, das sich neben dem leicht geöffneten Fenster befand. Gierig saugte ich den schwachen Hauch des Nachtwinds ein, der in unsere Zelle wehte, obwohl ich wusste, dass die Luft in der Zelle nicht knapp wurde und das Problem in meinem Kopf war.

In der Wahrnehmung der Zeit spielt noch etwas anderes eine Rolle. Auch wenn man wegen »Spionage« zu fünfzehn Jahren verurteilt wurde, lebt man als politischer Gefangener zwangsläufig zwischen der Hoffnung, übermorgen ausgetauscht zu werden, und der

Furcht, dass es noch ein ganzes Jahr dauern kann. Eine so gebrochene Zeitperspektive verändert die psychische Verfassung eines Menschen fundamental. Der Verbrecher kennt sein Strafmaß und kann sich darauf einstellen. Der »Politische« hingegen existiert im zähen Trott der Jahre und Stunden. Wenn man das bekannte Fünf-Phasen-Modell der Akzeptanz des Unabänderlichen anwendet, kann man sagen, dass er das Stadium der Akzeptanz nie erreicht, sondern in der Verhandlungsphase verharrt und manchmal in Depression verfällt. Und wie soll man sich denn auch mit zweimal fünfzehn Jahren Haft als etwas Unabänderlichem abfinden? Vor allem, wenn einen nur der Gedanke am Leben hält, dass man eines Tages ausgetauscht werden wird? In dieser Ungewissheit kann einem ein Tag so lang vorkommen wie ein ganzer Monat, und manchmal (etwa vor Neujahr) verfliegt ein Monat so schnell wie ein Tag. Ein Zellengenosse hat diese Situation einmal mit der des Esels verglichen, dem eine Mohrrübe vors Gesicht gehalten wird: Jedes Mal, wenn er einen Schritt auf sie zu macht, rückt sie ein Stück weiter weg.

Die blaue Lampe: sich das Leben nehmen?

In einer Grenzsituation wie der Gefangenschaft stellt sich die Frage des Suizids auf einer existenziellen Ebene. Unter normalen Umständen sind Selbstmordgedanken ein Grund für die Einweisung in eine Klinik oder eine gründliche Therapie. Aber wenn ein Panzerfahrer sich in den Kopf schießt, um dem langsamen und qualvollen Tod im brennenden Panzer zu entgehen? In einer Situation, in der sich körperliches Leiden mit tiefer psychischer Traumatisierung verbindet, sind Suizidgedanken keine Abweichung, sondern eher die Norm – sie sind dadurch motiviert, dass man sich diesen Leiden entziehen will.

Ernsthaft an Selbstmord zu denken begann ich schon vor meiner Verlegung in die »Isolation«, im Keller des Donezker »Ministeriums für Staatssicherheit«. Der Tod war für mich nichts Abstraktes mehr; er war in eine kleine Glasscherbe geschlüpft, mit der ich meinem Leben ein Ende setzen wollte.

In meiner Einzelzelle waren mir zwei Dinge klargeworden. Erstens: Die Menschen leben hier wie Tiere. Und zweitens: Die Insassen der Nachbarzellen vegetierten schon sechs bis acht Monate so vor sich hin und schälten sich von Zeit zu Zeit die abgestorbene Haut von den Händen (genau wie das ein paar Wochen später auch ich tun sollte). Es gab weder Hofgang noch Sonne, Wind, genießbares Essen oder Begegnungen mit anderen, sogar die Verhöre waren praktisch eingestellt worden. Man hatte uns alles abgenommen, selbst die Kalender, sodass mein Zellennachbar die Jahreszeit anhand von ein paar Zweigen bestimmte, die er durch das Fenster der Vorhalle sehen konnte – wenn er es auf dem Weg zum Klo schaffte, kurz die Tüte über dem Kopf anzuheben. Zum Waschen wurden wir alle drei Wochen geführt, das Essen war oft verdorben, vor allem gegen Tagesende, so dass wir manchmal nur heißes Wasser zum Abendessen bekamen.

In meiner Einzelzelle sah ich mitten im Juni meinen eigenen Atem. Überall lag feuchter Schmutz herum, ganz offensichtlich noch aus dem Herbst oder Winter des Vorjahrs; statt einer Toilette gab es zwei Urinflaschen – ich fand heraus, dass ich nachts meine Hände daran wärmen konnte. Die Wände waren mit Schimmel bedeckt, in den jemand ein paar Dutzend gerade Linien geritzt hatte – offenbar eine Art Kalender. Wer tagsüber »groß« musste, war gezwungen, den Einwegbehälter vom Essen zu nehmen und konnte das Ganze erst abends entsorgen, wenn man für ein paar Minuten hinausgeführt wurde. Pritschen gab es keine, nur ein Bettgestell. Anderen, die vor mir hier gesessen hatten, erging es weniger gut. So hatte etwa mein Vorbewohner auf Türen geschlafen, wobei er sich manchmal auch damit zudeckte und sich an die Wand schmiegte.

Wer Zeitungen hatte, knüllte sie zusammen und stopfte sich damit die Hose aus, um sich wenigstens etwas zu wärmen.

Den Gedanken, dass so etwas kein Leben ist, wird mir wohl niemand zum Vorwurf machen. Zwei Dinge unterschieden uns noch von Tieren: der Humor und der Suizid. Eines Abends bekamen wir eine Art wässrigen, mit dichtem Schaum überzogenen Reis, der schon durch die Plastikabdeckung hindurch einen säuerlichen Geruch verbreitete. Ich fragte meinen Nachbarn hinter der Zellenwand sarkastisch, was er heute Abend zu sich nehmen werde. »Warmes Hacksteak«, erwiderte er nach einem kräftigen Fluch. Aus der Zelle neben ihm verkündete eine heisere Stimme, es gebe Hähnchen mit Nudeln. Ich für meinen Teil »speiste« an diesem Abend mit Käse überbackene Kartoffeln ... Welches Tier kann in einer solchen Situation so bitter scherzen?

Was den Suizid betrifft: Als ich von den anderen Insassen erfuhr, dass sie hier einfach vergessen worden waren, beschloss ich, dass ich in diesem Fall nicht einfach dahinvegetieren würde. Selbst wenn sie mir alles nähmen, sie konnten mich nicht daran hindern, meine letzte Entscheidung selbst zu treffen. Damals, nach der Folter, in ständigen Gedanken an meine Mutter, unter Kellernachbarn, die den Eindruck machten, sie würden gleich zu bellen anfangen, war ich überzeugt: Das Einzige, was hier vom Menschen noch bleibt, ist die Möglichkeit, in Würde gehen zu können.

Allerdings ist auch das unter solchen Bedingungen nicht ganz einfach. Abgesehen von der Videoüberwachung rund um die Uhr verfügte ich nur über sehr wenige Dinge – es gab ja jeden zweiten Tag eine Durchsuchung, bei der in den karg ausgestatteten Zellen das Unterste zuoberst gekehrt wurde. So waren mir nur noch eine Schraube, ein Bleistiftstummel und etwas Klopapier geblieben, das Gefangene aus der Nachbarzelle mir auf dem Weg zur Toilette abgegeben hatten. Dann gab es noch einen zerbrochenen kleinen Plastiklöffel, der aus Prinzip nicht ausgetauscht wurde, so dass ich die saure Suppe fast wie ein Hund aus dem Napf schlabbern musste.

Irgendwann merkte ich, dass ich nicht mehr gut hörte, die Gehörgänge waren wohl verstopft. Das stellte mich vor die Wahl, das letzte Stückchen Klopapier entweder zur Ohrenreinigung zu benutzen oder es aufzuheben. Ich entschied mich für Ersteres, doch kaum hatte ich die Schraube herausgeholt und mit etwas Papier umwickelt, das ich in dem vom Abendessen übriggebliebenen heißen Wasser aufgeweicht hatte, als plötzlich die Tür aufging und sie mir auch diese Sachen abnahmen – offenbar in dem Glauben, ich wolle mich mithilfe der Schraube umbringen. Meine Erklärung, dass ich mir damit nur die Ohren hatte säubern wollen, überzeugte die Wachleute nicht, und ich musste mich an die Wand stellen, während die Zelle wieder durchsucht wurde. So blieb mir nur noch der Bleistiftstum-

mel. Später konnte ich damit im Keller meine ersten Zeilen auf eine Kartonmappe schreiben, bevor mir wie durch ein Wunder erlaubt wurde, ungehindert zu schreiben und es sogar dreißig Seiten Papier gab. Anderthalb Jahre später, in der »Isolation«, wurde mir all das dann wieder abgenommen.

Nach einem Monat im Keller trat ein, was ich gefürchtet hatte: Tag um Tag verging, und ich wurde nicht mehr zum Verhör gebracht. Meine Zellennachbarn sagten, jetzt werde es mir genauso ergehen wie ihnen: Erst Folter, dann intensive Verhöre und dann das »Pilzstadium«, wie sie es nannten: Man wurde einfach ein halbes Jahr und länger im feuchtkalten Keller vergessen, kriegte gerade genug Essen, um zu überleben, und wurde so für unbestimmte Zeit im Halbdunkel gehalten wie Pilze. Alle Bitten, jemanden aus der »Zentrale« herzuholen oder nach oben zu einem Ermittler gebracht zu werden, waren vergeblich: Oft bekam man nicht einmal eine Antwort, nach der Essensausgabe schlugen sie einem einfach die Tür vor der Nase zu.

Ich muss sagen, dass der Entschluss, nicht ins Pilzstadium überzugehen, mir sehr schwer wurde. Und das hatte vor allem mit meiner Familie zu tun. Der Tod kam mir in meiner Zelle wie ein Segen vor; ich hatte mir damals eingeredet, das Ende sei ohnehin unausweichlich und der einzige Ausweg sei, selbst Schluss zu machen, solange die Willens- und Urteilskraft dafür noch reichte. Allerdings wusste ich nicht, ob meine

Mutter noch lebte. Inzwischen stand fest, dass ich spurlos verschwunden war, und ich bezweifelte, dass ihre Psyche und ihr schwaches Herz diesen Zustand aushielten. Aber falls sie und meine beiden alten Großmütter, um die sie sich kümmern musste, noch am Leben waren, würde die Nachricht von meinem Tod sie alle drei umbringen. So steckte ich in einem moralischen Dilemma: Ich hatte vor Augen, wie Menschen zu Tieren gemacht worden waren, und wollte dieses Schicksal nicht teilen. Die Freiheit, aus dem Leben zu scheiden, erschien mir als der letzte Rest Würde, der uns hier noch blieb. Doch auf der anderen Waagschale lagen das Leben meiner Mutter und die meiner beiden Großmütter, die mit dem meinigen enden würden. Letztlich überwog der Schrecken des Kellers, und ich redete mir ein, dass meine Mutter mit ihrem schwachen Herzen höchstwahrscheinlich sowieso nicht mehr lebte. Diese Schlussfolgerung ging natürlich nicht auf logische Überlegung, sondern auf meine Situation in der Zelle zurück, denn ich konnte ja weder genau wissen, wie es meiner Mutter ging, noch, wie lang man mich hier festhalten würde.

Ich fragte einen Mitgefangenen, der schon acht Monate im Keller saß, ob er sich eine letzte Frist gesetzt hatte.

»Nicht nur einmal«, erklang die Antwort hinter der Wand. »Ich bin im Herbst hier gelandet und habe mir gesagt, dass ich bis Neujahr warte. Dann habe ich die

Ziellinie ein paarmal verschoben, bis in den Frühling. Und jetzt warte ich bis zum Juli. Jedes Mal, wenn man sich einen neuen Zeitpunkt setzt, taucht ein Sinn auf, eine kleine Hoffnung. Und dann passiert doch wieder nichts. So leben wir vor uns hin.«

Dieses Gespräch überzeugte mich endgültig davon, dass man keine solchen Spielchen mit sich selbst treiben darf. Dieser Gefangene hielt seit dem letzten Winter eine kleine Glasscherbe von einem Suppenschraubglas versteckt, das er einmal zerbrochen hatte. Ich konnte ihn nur mit Mühe dazu bewegen, sie beim abendlichen Toilettengang für mich auf dem Klo zu verstecken. Nicht nur, weil dieser Glassplitter der einzige im ganzen Keller war. Mein Reden über unsere Würde hatte meinen Nachbarn zu dem Schluss gebracht, ich sei seinetwegen in den Keller geworfen worden – als das Zeichen, das er gebraucht hatte. Und jetzt hatte er selbst vor, seinem Leben ein Ende zu machen. Es kostete mich ungeheure Mühe, ihn davon abzubringen: Dass er sich so lange Zeit ans Leben geklammert und den entscheidenden Zeitpunkt immer wieder aufgeschoben habe, so argumentierte ich, sei doch das weit bedeutsamere Zeichen. Meine Worte und mein Auftauchen hier seien für ihn womöglich die letzte Versuchung. Und wenn er sie würdig bestünde, dann könnte vielleicht im Juli wirklich alles vorbei sein, wie er es sich erträumte.

Natürlich machte ich ihm da etwas vor, ich glaubte es ja selbst nicht. Solche Fragen kann man immer in die Richtung drehen, die einem gerade passt – das ist die Absurdität des Glasperlenspiels. Unser Schicksal sollte später eine erstaunliche Wendung nehmen. Ebendiesem Mann, einem russischen Staatsbürger, half ich ein Jahr später, aus der »Isolation« zu fliehen, in die wir nach dem Scheitern meines Suizidversuchs alle gebracht worden waren. Die Verlegung dorthin fand am 28. Juni statt, noch zwei Tage, und es war Juli. Manche nennen so etwas Schicksal, andere Gott. Aber die Tatsache, dass wir beide heute frei und am Leben sind, ist mindestens so unwahrscheinlich wie jener Keller selbst.

Jedenfalls ließ er mir abends die Glasscherbe auf dem Klo zurück, wo ich sie in den zwei Minuten, die ich hatte, allerdings nirgendwo finden konnte. Eigentlich gab es gar nichts zu suchen, denn hinter dem Toilettenbecken war alles frei, und wenn die Scherbe dort gewesen wäre, hätte ich sie sofort gesehen. Vor mir war noch ein anderer Gefangener auf dem Klo gewesen. Wahrscheinlich hatte er unsere Gespräche mitbekommen, die Glasscherbe einfach die Toilette hinuntergespült und alles den Wachen erzählt – um seiner eigenen Gesundheit willen, denn bei einem Suizid hätten sie womöglich alle Kellerinsassen verprügelt.

Aber damit war die Geschichte noch nicht zu Ende. In jeder Zelle gab es zwei Lampen: eine normale, die tagsüber brannte, und die »blaue Lampe«, die die Wache nachts einschaltete. Diese vergitterte Quarzlampe trieb mich nachts endgültig in die Düsternis und Verzweiflung, weil sie den ganzen Raum mit ihrem trüben, violett-bläulichen Schein erfüllte. Nachdem es mit der Glasscherbe nicht geklappt hatte, beschloss ich, die normale Lampe zu zerschlagen. Bei der dicken blauen Leuchte wäre das sinnlos gewesen, und es musste geschehen, wenn sie brannte, damit ich keine Zeit damit verlieren würde, im Dunkeln nach dem Glas zu suchen: Ich fürchtete, das im Affektzustand nicht zu schaffen, denn wir wurden ja rund um die Uhr überwacht. Einmal, als mein Zellennachbar sich mit den Ellenbogen am Gitter abstützte und unwissentlich in den toten Winkel geriet, eilte wenige Minuten später die ganze Wachmannschaft in den Keller, um den vermeintlichen Ausbrecher zu suchen.

Ich wusste, dass mir höchstens anderthalb Minuten blieben, bis die Wache vor meiner Zelle stehen würde. Diese Dauer hatten wir beide – ich und mein Nachbar, der Russe – jeder für sich errechnet, während wir vom Eingang bis zur Kellertür geführt wurden. Dort öffnete die Wachmannschaft das erste Schloss, ließ uns alle hinunter und wendete sich dann dem Zellenschloss zu. Wenn man berücksichtigte, dass sie rennen würden, dauerte all das zusammengenommen gut eine Minute. Es ist klar, dass man in dieser Zeit nicht sterben kann, wenn man sich einfach die Venen öffnet. Deshalb beschloss ich, mir die Halsschlagader aufzuschneiden, was psychologisch schwieriger war.

Wenn ich jetzt an diese Zeit im Keller der »Zentrale«

zurückdenke, staune ich, welche große Rolle der Verstand bei alldem spielte. Ich war offenkundig nicht einfach bloß niedergedrückt; Depressionen und Todesgedanken hatten mich völlig im Griff. Und doch kümmerte ich mich um den Countdown, wägte alles sorgfältig ab und blickte ständig zur Lampe hoch. Ich schaute sie nachts an, im violetten Licht. Und tagsüber, wenn sie die Augen blendete. Mein Vater war durch die Flasche umgekommen: Er erfror im Wodkadelirium nachts unter einer Parkbank. Ich hatte – und habe bis heute – nie einen Tropfen Alkohol angerührt, teils aus Trotz, teils aus echter Angst, so zu enden wie er. Und nun stand mir ein noch schlimmeres und früheres Ende bevor: Er war mit sechsunddreißig Jahren erfroren, ich würde mir mit siebenundzwanzig das Leben nehmen. Meine Gedanken verwirrten sich, ich versuchte, nicht an meine Mutter zu denken, und konzentrierte meine gesamte Willenskraft auf dieses Glas.

Nachdem am Montag die seltsame Sache mit der Glasscherbe auf dem Klo passiert war, setzte ich mir den Donnerstag als nächste Frist. Auch dieser Tag war nicht zufällig gewählt, denn dann würde eine Wachmannschaft übernehmen, die die »blaue Lampe« immer einschaltete – die andere ließ manchmal auch nachts das weiße Licht brennen. Am Dienstag bat ich meinen Zellennachbarn um die »Zanussi«, wie wir sie nannten – eine leicht angeschimmelte, in der Mitte abgeschnittene Fünf-Liter-Plastikflasche, die uns als Waschmaschine und zur Körperreinigung diente. Ich beschloss, mir die Haare zu waschen und zumindest den gröbsten Dreck und den ganzen Geruch abzuspülen, der mich tagein, tagaus umgab. Natürlich ist es absurd, sich vor dem Tod waschen zu wollen, und doch fühlte ich mich fast so, als würde ich vor einem Festtag einen Orden anlegen. Ich wollte zeigen, dass ich kein Tier bin, dass sie mich nicht zwingen können, mich an den Schimmel zu gewöhnen, mich im Keller einzuleben und hier auf immer zu verschwinden.

Am nächsten Morgen ging plötzlich die Tür auf, und ich erblickte meinen Ermittler. Er wies uns an, unverzüglich zu packen – mich und die Häftlinge in den Zellen nebenan. Die Sache mit der Scherbe im Klo war bis nach oben vorgedrungen, wo man offenbar beschlossen hatte, dass es sicherer sei, uns in der »Isolation« zu halten. Dorthin wurden wir noch am selben Tag überführt.

Die »Isolation« war in gewisser Weise gleichbedeutend mit Suizid. Die Verhältnisse dort waren in manchem genau umgekehrt wie vorher im Keller. Die Alltagsbedingungen wurden erträglicher, aber der psychische Druck und die körperlichen Schmerzen um vieles stärker. Bei dem, was sich hier abspielte, kam man oft gar nicht zum Nachdenken, weil die freie Zeit dafür draufging, zu röcheln und den Schock zu verkraften. An diesem Ort lief alles viel schneller und härter ab. Die Problematik von Leben und Tod war hier nichts, womit man sich gedanklich oder emotional beschäftigte.

Trotzdem hatten viele Selbstmordversuche in der »Isolation« rein demonstrativen Charakter. Es gab aber Ausnahmen. In einem Fall versuchte ein Gefangener im Schockzustand nach der Folter, sich mit einem Nagel die Venen zu öffnen. Doch auch hier endete die Sache nicht tödlich: Da er unter ständiger Überwachung stand, wurde er aufgehalten und anschließend aus der Einzelzelle in eine Gemeinschaftszelle verlegt, wo die anderen auf ihn aufpassten. Ich wurde unfreiwillig Zeuge eines Wortwechsels, der im Korridor an unserer Zellentür stattfand. Ein Aufseher versuchte den Gefangenen zu beruhigen, während er immer wieder schrie: »Ihr versteht das nicht! Ich kann so was nicht mehr ertragen!«, und beschrieb, wie ihm eine Elektrode in den Anus eingeführt worden war. Er begriff nicht, dass so etwas hier alltäglich und Teil des Systems war und versuchte aufrichtig, dem Aufseher zu erklären, was man ihm alles angetan hatte und was er offenkundig selbst noch nicht ganz glauben konnte.

In einem anderen Fall versuchte ein Gefangener, den sie zusammen mit seinem Sohn auf einem Tisch gefoltert hatten, sich das Leben zu nehmen. Der Sohn hatte unter Einwirkung der Stromstöße an After und Genitalien unwillkürlich uriniert. Daraufhin riefen sie dem Vater zu: »Schau mal, dein Söhnchen hat sich eingenässt wie ein Welpe!«

Dann wurde er mit schweren Verbrennungen von den Stromschlägen und Platzwunden am Kopf in unsere Zelle gebracht. Sie hatten ihn lang genug in die Mangel genommen, und jetzt musste die Leitung dafür sorgen, dass er sich nicht umbrachte: Er hatte sich im Keller der »Isolation« an den Metallkanten der Pritsche den Schädel zertrümmern wollen. Später erzählte er mir, weder die eigene Folterung noch die Todesangst hätten ihm solchen Schmerz zugefügt wie die Erniedrigung seines Sohnes.

Gegen Abend tauchte dann noch ein Problem auf: Von sieben bis halb neun war er plötzlich völlig desorientiert, wusste nicht, wo er war, und verfiel in einen Wahnzustand. Das lag daran, dass sie ihn eine ganze Woche lang um genau diese Zeit gefoltert hatten. Kaum war der Abend angebrochen und auf dem Korridor waren auch nur die leisesten Schritte zu vernehmen, begannen seine Hände krampfhaft zu zittern, er setzte sich möglichst nah bei der Zellentür auf die Kante seiner Pritsche und wiederholte wie von Sinnen immerzu: »Halt durch, mein Sohn, halt durch, halt durch, halt durch.« Er glaubte wirklich, mit seinem Sohn im Keller zu sein. Auf unsere Beruhigungsversuche reagierte er kaum, so dass wir ihn an den Tisch setzen und behutsam auf seine gebrochene Rippe drücken mussten. Erst danach konnten wir ihn ablenken, indem wir mit ihm über Dinge sprachen, mit denen er sich auskannte: Angeln und Bergbau.

Sein Sohn wurde schließlich freigelassen, wobei sie dem Vater einschärften, das ließe sich ganz schnell rückgängig machen, wenn im Prozess irgendetwas nicht nach Plan liefe. Ich dachte damals, dass es vielleicht schlimmer ist, so freizukommen, als weiter zu sitzen. Gestern hast du dich noch deines Lebens gefreut, deine geliebte Frau wird bald euer Kind zur Welt bringen, und heute findest du dich mit deinem Vater nackt in einem Keller wieder. Sie quälen euch mit Wassergüssen und Stromschlägen, und einen Monat später entlassen sie dich, weil jemand befunden hat, dass es ihnen reicht, den Vater vor Gericht zu stellen. Wie absurd das Leben doch sein kann.

Ich selbst habe fast zwei Jahre – zwei Lebensjahre in der »Isolation« – gebraucht, um zu dem wichtigsten

Gedanken zu kommen, den ich von dort mitgenommen habe. An einem Ort, wo alles für den Tod spricht, bewusst das Leben zu wählen – das ist die Antwort auf alle Fragen. Die Frage nach dem Sinn, die Frage nach Vergebung – sofern sie überhaupt gestellt werden kann –, die Frage nach dem Wesen unseres Selbst. Diese Antwort entspringt eher meinen Gefühlen als meinem Verstand, aber es geht mit Sicherheit nicht um eine plötzlich erwachte Liebe zum Leben oder etwas in der Art. Dort, wo Menschen unter der Folter schreien und bellend unter ihren Pritschen liegen, ist es ein Frevel, das Leben zu lieben, und wenn man ehrlich sein will, muss man sich eingestehen, dass der Gedanke an Suizid hier von gesundem Verstand zeugt. Entscheidend ist vielmehr, dass die »Isolation« nicht vom Krieg handelt, sondern vom Menschen. Ich versuche, das zu erläutern.

Es wäre falsch zu glauben, hinter diesen Mauern würden nur »Ukros« gefoltert – damit waren alle gemeint, die wegen »Spionage« einsaßen. Ganz im Gegenteil: Bei uns stand ein möglicher Austausch im Raum, und das hieß, dass wir keine sichtbaren Narben, Brandwunden oder Brüche aufweisen durften. Die eigenen Leute hingegen – »Volksmilizionäre«, Mitarbeiter der »Ministerien« und andere – waren praktisch bloß Fleisch, Übungsmaterial, das man plattmachen konnte, ohne Folgen befürchten zu müssen. Die Leitung der »Isolation« wusste sehr gut, dass kein russischer Fernsehsender diese Menschen je befragen und keine Lokalzeitung je über sie schreiben würde. Sie existierten nicht, ihr Leid gab es nicht, sie waren niemand. Wer die Schwelle der »Isolation« überschreitet, kann sich wie Gott fühlen, wenn er sich wie der Teufel verhält. Daher handelt diese Geschichte von uns allen und besonders von denen, die die »Isolation« selbst durchlitten haben und danach bereit waren, ihren Peinigern das Gleiche anzutun.

Ich habe mit vielen Gefangenen gesprochen, und die meisten waren sich einig: Wenn es die Chance gäbe, sich zu rächen, würde niemand auch nur eine Sekunde lang zögern. In den mit Sturmhauben vermummten Gesichtern der Folterer erkennst du dich selbst und begreifst: In dem Augenblick, in dem sie dich quälen oder einfach lachen, wärst du zu noch grausameren Dingen fähig als dem, was sie dir antun. Hätte die Leitung der »Isolation« unsere Gedanken lesen können, wären wir ohne Handschellen nicht einmal zum Duschen gelassen worden. Bei den Gedanken blieb es dann aber auch: Es kam zwar vor, dass jemand sich selbst »aufschnitt«, aber niemand hat je eine Wache angegriffen. Warum? Das ist eine Frage für sich. In den schlimmsten Zeiten waren bis zu siebzig Gefangene in der »Isolation«, und doch kam es nicht ein einziges Mal zu einer großen Auflehnung gegen die Leitung.

Aber zurück zum Suizid: Sobald man etwas durchatmen kann und der erste Schock nachlässt, wird einem klar, dass es zwischen Leben und Tod viele ganz alltägliche Dinge gibt, die einen auf dieser Welt halten: Bildung, Religiosität, die Liebe derer, die dir nahestehen, und die Liebe zu ihnen, die Angst vor dem Tod und sogar der vitale Egoismus. So sagten manche von uns, sie seien schon deshalb nicht bereit, sich das Leben zu nehmen, weil ein Suizid alles auslöschen würde, was sie bisher überstanden hatten. Jeder Tag der Folter und Erniedrigung wurde auf diese Weise zum Ansporn, den nächsten zu ertragen. Einer meiner Zellengenossen, den sie einen ganzen Monat lang gefoltert und im Keller mit Handschellen ans Gitter gefesselt hatten, so dass er die Füße benutzen musste, um auch nur an die Flasche mit dem fauligen Wasser zu kommen, sagte mir: »Ich bin nicht bereit, mein Leben so billig herzugeben. Als Kämpfer an der Front sterben, ja. Aber wie ein Hund auf der Pritsche verrecken, damit sie wieder ›Herzinsuffizienz‹ schreiben können, da mache ich nicht mit.«

Dieser Mensch wechselte übrigens aus Prinzip nicht die Tüte, die er während der Folter getragen hatte, und zog sie auch auf, wenn man ihn in die »Zentrale« brachte, samt den Resten des Klebebands, mit dem sie die Stromkabel befestigt hatten. Als ich ihn danach fragte, tat er es mit dem Scherz ab, die Tüte sei ihm als Andenken teuer. Ich füge dem hinzu, dass bei manchen von allen Gründen, die für das Weiterleben sprechen, nur noch einer blieb: Rache zu nehmen.

Nach meiner Überzeugung hat der Suizid zwei Aspekte, die nicht austauschbar sind: den psychologischen und den ontologischen. Ich möchte auf beide näher eingehen, denn in einer so kritischen Situation wie der Gefangenschaft kann weder von einer reinen Neuronenverbindung die Rede sein, bei der das Denken keine Rolle spielt, noch vom Gegenteil. Auch wenn man lange durch das Labyrinth der Depression und Verzweiflung irrt: Irgendwann ist man genötigt, die ontologische, philosophische Bilanz seiner Entscheidung zu ziehen, also auf dieser Erde zu bleiben oder nicht. Lassen Sie mich diesen Gedanken an meinem eigenen Beispiel ausführen.

Während meiner gesamten Gefangenschaft – vom Keller der »Zentrale« bis zu der Zeit im offiziellen Gefängnis – stand ich immer wieder vor der Frage, ob ich mir das Leben nehmen soll. Besonders nahe daran war ich psychologisch in einem Moment, als ich die »Isolation« schon hinter mir hatte und ins Hauptgefängnis von Donezk verlegt worden war.

Diese Anstalt war nicht dem »Ministerium für Staatssicherheit« unterstellt. Trotzdem war auf politische Gefangene sogar hier ein »Tschekist« angesetzt, durch dessen Hände alle Sendungen von Angehörigen gingen. Als meiner Mutter ein einziges Mal erlaubt wurde, mich zu besuchen, bat ich sie, mir das Russisch-Englisch-Wörterbuch zukommen zu lassen, das man mir in der »Isolation« aus irgendeinem Grund zusammen mit sämtlichen Manuskripten abgenommen hatte. Als das Buch eintraf und ich es durchblätterte, fielen mir einige angestrichene Wörter auf. Politischen Gefangenen waren selbst hier, in einem normalen Gefängnis, keine Aufzeichnungen oder Briefe erlaubt. Deshalb dachte ich, dass meine Mutter diesen Weg gewählt hatte, um mir etwas sehr Wichtiges mitzuteilen. Zudem waren die Wörter in dem Teil mit russischen Ausgangswörtern in derselben Farbe markiert und ergaben einen Sinnzusammenhang, sie konnten also nicht zufällig gewählt sein. Kaum hatte ich sie gelesen, wurde mir schwarz vor Augen, mein Puls raste und ich wurde weiß wie die Wand, was meine Zellengenossen mir sogleich mitteilten.

Im Wörterbuch waren die folgenden Wörter angestrichen: »Bestie«, »Hure«, »Schlampe«, »schwanger«, »Unzucht« und »Vergewaltigung«. Zwar hätte meine Mutter das nie über den Menschen schreiben können, mit dem ich damals noch zusammen war, und einige Wörter passten auch nicht recht zusammen (»Hure« und »Vergewaltigung«), aber ich konnte eine Woche lang nicht mehr klar denken. Ich nehme hier vorweg, dass meine Mutter das Wörterbuch ohne Anstreichungen abgeschickt hatte und der ganze Mumpitz das Werk der »Tschekisten« war, die mich besonders gernhatten und sich auf diese Weise ein bisschen Unterhaltung verschaffen wollten. Aber man muss sich die Situation vor Augen führen: Ich bin in eine kleine Zelle eingesperrt, ohne Aussicht, in absehbarer Zeit freizukommen, und ohne Verbindungen zur Außenwelt. Die Kriminellen nebenan hatten illegale Telefone, wir konnten sie uns nicht einmal gegen Geld verschaffen. Und in dieser Lage kriege ich eine Zusammenstellung von angestrichenen Wörtern, denen ich entnehme, dass der einzige Sinn, den meine jetzige Existenz samt allen durchgestandenen Leiden noch hatte, zerstört ist. Worum es eigentlich geht, ist nicht klar – nur, dass es etwas Furchtbares sein muss und ich von hier aus weder etwas tun noch Genaueres herausfinden kann.

Ich wurde beinahe wahnsinnig. Selbst jetzt noch, bei der Erinnerung daran, wie es mir am ersten Tag ging, nachdem ich das gelesen hatte, kommt etwas von der Übelkeit hoch, an der ich die ganze Woche litt, mit erhöhter Temperatur, Nervenfieber und fast völliger Schlaflosigkeit. In einem solchen Moment spürst du jeden Meter des Raums, und dir wird klar, dass dein ganzer Wirkungskreis auf einen Radius von drei bis vier Schritten reduziert ist. Unbegreiflich, wie ich diese Zelle vorher wahrgenommen hatte – direkt nach meiner Ankunft aus der »Isolation« hatte sie mich beinahe euphorisch gestimmt. Jetzt brachte sie mich fast körperlich um und zerstörte meine Psyche und Persönlichkeit mit einer Auswahl von Wörtern. Ich weiß nicht, woher ich die Kraft nahm, die Woche zu überstehen, bis schließlich ein Zellengenosse, der damit sein eigenes Besuchsrecht aufs Spiel setzte, mir die Antwort überbrachte: »Ich habe nichts unterstrichen. Sie wartet weiter auf dich.«

Wenn man in einer tiefen Depression steckt, verengt sich die ganze Umwelt gleichsam auf ein winziges Fleckchen. Durch den Verlust der lebenswichtigen Bezugspunkte, den existenziellen Schock, wird der Wille erstickt und reicht nur noch für eines: Selbstmord zu begehen. Rational gesehen ist es nur konsequent, sich dem Leiden zu entziehen, und mit diesem Vorhaben meint der Selbstmordkandidat dem zu entrinnen, was sich durch nichts betäuben lässt. Mit anderen Worten: Sein Innenleben wird ihm unerträglich. Nach außen hin ist er apathisch, gleichgültig und schweigsam, bis er zu dem Schluss kommt, dass er weder die Kraft hat noch einen Sinn darin sieht, dieses Gefühl länger zu ertragen.

Eben deshalb ist die Ontologie des Suizids so gefährlich. Denn wer in der »Isolation« eingesperrt war und die grenzenlose Grausamkeit dort erlebt hat, hegt diesen Gedanken nur als letzten Ausweg. Wir sagten gleichsam: »Ich will nicht sterben, aber wenn die Leiden nicht mehr zu ertragen sind, bleibt mir keine andere Wahl.« In Freiheit ist alles anders. Die Bedrohung von außen gibt es nicht mehr. Dafür ist das Kaleidoskop der Enttäuschungen so gewaltig, dass der Freigekommene, der darauf keine Antwort findet, in einen neuen Schockzustand versinkt. Doch davon später.

Die Folter

Die Folter umfasst einen ganzen Komplex von Maßnahmen, die das Opfer in erster Linie nicht körperlich schädigen, sondern seine Persönlichkeit brechen sollen. Dazu dienen vor allem Einschüchterung, die das körperliche Schmerzempfinden verstärkt, und Erniedrigung. Dieses Kapitel beschreibt längst nicht alle Foltermethoden, die in den Kellern von Donezk praktiziert werden. Ich versuche lediglich, in kurzer Form meine persönliche Erfahrung zu schildern, im Spiegel der »Prozeduren« (wie man die Folterungen dort gern nannte), die ich am eigenen Leib erlebt habe.

In meinem Fall geschah das nicht in der »Isolation«, in die ich erst lange anderthalb Monate später verlegt werden sollte, sondern mitten am Tag in ganz normalen, hellen Büroräumen im Stadtzentrum von Donezk. Ich war erstaunt, als man mich dort in Handschellen neben ein Fenster setzte, das auf einen zentralen Boulevard hinausging.

Kurz darauf werden Elektrokabel an meinen Daumen befestigt und der Strom eingeschaltet, aber sonst ändert sich eigentlich nichts: Mich umgibt keine Finsternis und kein bedrohlicher Keller wie später meine Leidensgenossen in der »Isolation«. Durch das Fenster sind weiter die Bäume zu sehen – man hat mir vor der

Folter sogar die Tüte vom Kopf genommen –, die Maisonne scheint immer noch, und hinten an der Haltestelle warten Menschen auf den Bus, während meine Muskeln krampfhaft zucken.

Ich sollte noch öfter Gelegenheit haben, über den Irrsinn zu staunen, der sich hier auf einem kleinen Fleckchen des städtischen Raums abspielte. Aber bevor ich damit Bekanntschaft machte, brachten sie mich erst einmal in ein Büro, in dem die leichteste Art der Folter wartete: der PR-73 oder auch Gummiknüppel.

Sie schlugen damit eine Zeit lang immer auf dieselbe Stelle ein, etwas oberhalb des Knies, und bald blähte sich meine Haut unter den Jeans wie eine Seifenblase. Später in der »Isolation« hießen die Leute, die so traktiert wurden, »Ampeln«, weil der ganze Körper ein einziges Hämatom ist – erst violett, später wird es dann gelblich und grünlich. Einmal wurde so eine »Ampel« dort in die Nachbarzelle gebracht und einfach auf dem Fußboden abgelegt, mit einer Decke darüber. Die anderen Insassen durften den Mann nicht einmal auf die Pritsche heben. Er blieb bis zum Morgen so liegen. Bei mir sollte nur ein Teil des Körpers zur Ampel werden. Aber während noch die Schläge auf mich einprasselten, musste ich zugleich die Fragen der gegenübersitzenden Tschekisten beantworten. Sie waren von der Sorte: »Was bist du bloß für ein Bastard, dass du die Entscheidung des Volkes, in einem separaten Land zu leben, nicht respektierst?« Wenn ich auch nur einen

Augenblick nachdachte oder erklären wollte, dass ich mich wegen der Schmerzen nicht konzentrieren konnte, prügelten sie noch heftiger auf mich ein. Schon da fing der Aberwitz an: Ich sollte »ein Gespräch führen« und dabei so tun, als würde nicht gleichzeitig der PR-73 auf mich niedergehen.

Nach dieser kurzen »Unterredung« zogen sie mir wieder die Tüte über den Kopf und brachten mich über den Flur ins Nebenzimmer, wo man sie mir abnahm. Dies war das Zimmer, in dem dann alles Weitere geschah. Vor mir sah ich drei Personen in Sturmhauben und eine kleine, aufnahmebereite Videokamera. Sie baten mich höflich, kurz meinen Lebenslauf in die Kamera zu sprechen, und siezten mich sogar, was mich glauben ließ, dass schon alles nicht so schlimm kommen werde. Ich hatte in diesem Augenblick noch keine Vorstellung von den Ausmaßen der »unterirdischen Welt« von Donezk und wusste nicht, dass in diesen Mauern neunundneunzig von hundert Menschen gefoltert werden. Kurz darauf konnte ich das am eigenen Leib erfahren. Die Videokamera ging aus, und im nächsten Moment wurde eine Art altertümlicher Telefonapparat ins Zimmer gebracht. Wie sich herausstellte, war dieses Gerät eine Lokalberühmtheit. Es hieß »Feldpolygraph« oder TAPIK – die russische Abkürzung für »Feldtelefon mit Induktivspule«. Aus dem Apparat ragten zwei Kabel hervor, die an meinen Daumen befestigt wurden.

Anlass für den ersten Stromstoß war wider Erwarten

eine scheinbar ganz harmlose Frage, nämlich die nach einer in meinem Telefon gespeicherten Nummer. Obwohl ich schon unter Schock stand, begriff ich, dass dieser Anruf – bei einer Bankfiliale – gerade eben erst von hier aus getätigt worden war. Deshalb sagte ich nur: »Keine Ahnung, ich habe da nicht angerufen.« Falsche Antwort, schon ging die erste Ladung Strom durch meinen Körper. Überhaupt handelte man sich hier mit jeder negativen Antwort einen Stromstoß ein – das wurde bei den nächsten Fragen klar, die auf den ersten Blick absurd erschienen.

So fragten sie mich gleich, wie oft ich masturbiere. Die Masche dabei ist, dass sie zuerst die Fragen stellen, auf die die Antwort offensichtlich, aber unangenehm ist. Wer es schon hier, im Anfangsstadium, mit Lügen versucht, wird öfter und länger gefoltert. Außerdem legen sie es darauf an, einen aus dem Konzept zu bringen. Mitten in der Befragung zum Vorwurf der Spionage, den sie gegen mich erhoben, wollten sie zum Beispiel plötzlich wissen, ob ich an Gott glaube oder ob ich schon einmal mit dem Fallschirm abgesprungen sei. Dieses scheinbare Durcheinander hat ein ganz klares Ziel: Es soll ihr Opfer zu leicht durchschaubaren Lügen verleiten.

Als ich die Frage nach dem Fallschirmsprung bejahte, hakten sie beispielsweise gleich nach: »Welcher Fallschirmtyp?« Meine Antwort »Ein Gleitfallschirm« quittierten sie mit einem Stromstoß, schlugen mir mit einem harten Gegenstand ins Genick und brüllten, das sei gelogen. Natürlich konnten sie die Wahrheit nicht kennen. Sie wollten mich nur zwingen, meine Antwort zu ändern, damit sie mich noch länger und härter foltern und der Lüge bezichtigen konnten. Die Fragen nach der Familie oder der Religion sollen einen weich stimmen und die Illusion einer Entspannung, eines »Gesprächs von Mensch zu Mensch« schaffen, was den nächsten Stromstoß umso schmerzhafter macht. Dazu kommt, dass man ständig mit Ausdrücken belegt wird, von denen »Bastard« noch der höflichste ist. Auch das soll das Selbstwertgefühl senken und einem ein Schuldgefühl einflößen. Als das Gespräch auf Gott kam, redete mich einer von ihnen plötzlich mit »Sie« an, und dann ging alles wieder von vorn los – eine Achterbahntaktik aus dem Handbuch der Sowjetzeit.

Natürlich kann man das alles erst im Nachhinein erfassen, aber manchmal schaffte ich es, etwas sofort zu durchschauen. So sagte kurz nach meiner Verhaftung jemand in ziemlich grobem Ton: »Wozu geben wir uns eigentlich mit dem ab? Scheiß drauf, schneiden wir ihm doch einfach den Kopf ab und werfen ihn in den Kalmius!« Aber in dem Moment merkte ich, dass sie alle Sturmhauben trugen. Wer ernsthaft vorhat, dir den Kopf abzuschneiden, wird sich kaum die Mühe machen, sein Gesicht zu verbergen. Ein anderes Beispiel: Ich wurde ständig nach einem Verbindungsmann gefragt, den es natürlich nicht gab. Damals begriff ich, dass ich auf keinen Fall etwas erfinden und fiktive Verbindungen nennen durfte. Auch wenn sie bei jedem »Nein« den Strom weiter aufdrehen, ist es besser, das zu ertragen, als sich in imaginäre Fakten zu verstricken und damit den Rest seiner Gesundheit aufs Spiel zu setzen. Das zeigt der Fall eines jungen Mannes, den ich später im Donezker Untersuchungsgefängnis kennenlernte. Er wurde genau wie ich unter Strom gesetzt, obwohl er mit Geheimdiensten nicht das Geringste zu schaffen hatte. Aber irgendwann hielt er es nicht mehr aus und erfand auf die Frage nach seiner Kontaktperson einen Major samt Familiennamen. Als seine Peiniger schließlich begriffen, dass er sich das alles nur wegen der Stromstöße in den Beinen ausgedacht hatte, wurde er erst recht übel zugerichtet.

Irgendwann verboten sie mir sogar das Schreien und drohten, mir ein Stück Nase abzuschneiden, wenn ich auch nur einen Ton von mir gäbe. Zur Bekräftigung schlugen sie mir mit einem großen Hackmesser auf die Nasenwurzel, dessen Klinge sich als stumpf erwies. Sie hatten mir da schon ein Stromkabel übers linke Ohr gezogen, und beim Antworten zuckten meine Gesichtsmuskeln. Natürlich wurden dadurch meine Worte undeutlich, was wieder ein Grund war, den Strom stärker aufzudrehen. Einen weiteren Stromschlag erhielt ich wegen meines Romans, in dem es um meine Reise zur französischen Fremdenlegion geht. Meine Peiniger waren überzeugt, dass ich damals schon von Geheimdiensten angeworben worden und nur dorthin gefahren sei, weil ich »Menschen töten wollte«. Zu diesem Zeitpunkt war mir das ganze Verhör schon völlig gleichgültig; ich hing einfach vom Stuhl herab und kam nur manchmal beim nächsten Stromstoß kurz zu mir.

Das letzte Stadium der Folter war die Drohung, mich in eine Zelle zu bringen, in der sie mich noch in derselben Nacht »herabsetzen«, also vergewaltigen würden. Wenn ich in eine Einzelzelle wolle, müsse ich schleunigst alles unterschreiben. Wie sich später zeigte, war das keine leere Drohung, denn in der »Isolation« bediente die Leitung sich ziemlich oft sexueller Gewalt, auch gegenüber Männern. Sie hielt sich eigens Häftlinge, die diesen Job für sie erledigten, und ließ sie dann in separaten Zellen verschwinden, damit die anderen Gefangenen sie nicht in Stücke rissen.

Irgendwann, es war schon Nacht, landete ich dann tatsächlich in einer Einzelzelle des Kellers, wo ich die nächsten anderthalb Monate verbringen sollte – bis sie uns an den Ort verlegten, von dem ich mich wieder dorthin zurückwünschte.

Der Zusammenbruch

Ein einziges Mal in der gesamten Zeit meiner Gefangenschaft kam es so weit, dass ich wirklich zu allem bereit war. Die Folterer versuchen mit allen Mitteln, einen als Person zu zerstören, aber was mich zerbrechen ließ, war ein Bild, das ich zehn Sekunden lang vor Augen hatte.

Noch vor der Verlegung in die »Isolation«, als ich in der Einzelzelle im Keller saß, wurde ich einmal mit dem Auto aus Donezk herausgebracht, angeblich zu Ermittlungszwecken. Das Schicksal wollte es, dass wir durch meinen Heimatbezirk fuhren und mir die Tüte vom Kopf genommen wurde, als wir Donezk verlassen hatten.

Ich habe den Nachbarort Makijiwka, wo ich aufgewachsen bin, immer gehasst. Er war für mich die Stadt der verschnarchten Sowjetmenschen und hat mich stets an Stephen Kings *Langoliers* erinnert – ein Ort ohne Geschmack und Geruch, wo die Zeit stehengeblieben ist und es keinerlei Perspektive gibt. Und jetzt wurde ich in Handschellen durch meinen Heimatbezirk gefahren und erblickte die vertrauten Gebäude, hinter denen sich unser Wohnblock befand. Ich saß damals schon länger als einen Monat im Keller und wusste, dass meine Mutter immer wieder direkt dort, im »Ministerium für Staatssicherheit«, vorsprach, um nach mir zu fragen. Natürlich erzählten sie ihr, dass ihnen nichts über ihren Sohn bekannt sei. Ich schaute aus dem Autofenster und stellte mir vor, wie meine Mutter genau jetzt allein im Zimmer sitzt, das Telefon in der Hand, und das nächste Leichenschauhaus anruft. Oder einfach weint, weil sie nicht weiß, was los ist und nicht einmal herausfinden kann, ob ihr Sohn überhaupt noch lebt.

Ich schaue auf die Straße und mir wird klar, dass ich all das nie wiedersehen werde: die Kurven, die Bäume, die Gegend, wo mir jeder Meter und fast jeder Stein vertraut ist. Hier hing ich als kleiner Junge romantischen Träumen von Frankreich und der Fremdenlegion nach und übte mich jahrelang darin, über die Schlaglöcher zu rennen, die ich in- und auswendig kannte. Dieses Feld hier war mein kleines Heiligtum, ich flüchtete mich abends aus der staubigen Stadt dorthin und träumte davon, eines Tages einen großartigen Roman zu schreiben. Und an dieser Haltestelle saß ich mit meinen Freunden, ohne zu ahnen, dass hier zehn Jahre später Panzer vorbeifahren würden und ich selbst auf dem Rücktransport in den Keller.

Ich sehe das alles und weiß, mich trennen nur drei bis vier Minuten von meiner Mutter, ich könnte sie jetzt einfach umarmen. Aber sie werden mich zurück in den Keller bringen – das ganze Bild ist nur ein paar Sekunden lang aufgeblitzt, wie im Traum. Ich spüre wieder den kalten Druck des Metalls, die Handschellen, ich höre wieder ihr Gelächter, sehe sie grinsen, während meine Mutter in der Ferne zurückbleibt, auf Jahre hinaus. Diese zehn Sekunden brachen mich ganz und gar – weder Keller noch Folter hatten mich so im Innersten treffen können. Die, die mich so hartnäckig erniedrigten und alles daransetzten, meine Persönlichkeit in ihre Einzelteile zu zerlegen, wussten nicht, dass sie in diesem Moment alles von mir hätten kriegen können – jedes Geständnis und jedes Dokument. Mir war so schwer zumute, dass ich unterschrieben hätte, was immer sie wollten, wenn sie mich dafür nur erschossen hätten.

Sex in der »Isolation«

»Wasch dich im Schritt« – mit dieser Aufforderung wurde gewöhnlich angekündigt, dass eine Insassin der Frauenzelle nebenan heute in den ersten Stock geführt werden würde. Für weibliche Gefangene bedeutete das Vergewaltigung. Im ersten Stock lag das Zimmer des Kommandanten der »Isolation«, und eben dorthin wurden die Frauen gebracht, denen er befahl, sich vorher gründlich zu waschen.

Sex im Freiheitsentzug ist ein Thema für sich. Nach dem ersten Schock beginnt sich der Geschlechtstrieb irgendwann allmählich wieder zu regen. Er ist jedoch durch den Kodex reglementiert, nach dem kein Häftling einen anderen gegen dessen Willen zwingen darf, ihm sexuell zu Diensten zu sein. Diese Regel gilt für alle, egal, wo sie in der kriminellen Hierarchie stehen. Wer einen anderen Verurteilten – und sei es ein »Herabgesetzter« – gewaltsam zum Sex nötigt, muss damit rechnen, selbst in eine der untersten Kasten versetzt zu werden. In der kriminellen Welt gilt schon seit langem die Regel der Berufsverbrecher, »nicht mit dem Schwanz zu bestrafen«. Selbst wenn jemand wegen schwerster Vergehen in die unterste Kaste versetzt wird, muss das ohne Vergewaltigung ablaufen.

In den klassischen Lagern oder Gefängnissen kommt

sexuelle Gewalt ohnehin nicht oft vor. Diejenigen Häftlinge, die damit verdienen und keine Angst mehr haben, in der Hierarchie noch weiter abzurutschen, erweisen einem für ein Päckchen Zigaretten (oder auch mehr oder weniger) fast jeden Dienst. Die Langzeitgefangenen, mit denen ich in der »Isolation« die Zelle teilen musste, erzählten gern, wie diejenigen, die zwanzig Jahre oder mehr absitzen müssen, diese Probleme im Knast regeln.

Interessanterweise wird es in der Gefängniskultur nicht als Schande betrachtet, wenn ein Mann als aktiver Partner mit einem anderen Mann Geschlechtsverkehr hat. Auch der Akt selbst gilt in diesem Fall nicht als homosexuell – oder genauer gesagt nur für den passiven Teil. Entsprechend seltsam war es, die Kriminellen in der »Isolation« über Politik oder Europa reden zu hören. Sie fürchteten Gay-Pride-Paraden und gleichgeschlechtliche Ehen wie der Teufel das Weihwasser und bestritten zugleich, dass die Verhältnisse mit Männern, die sie selbst im Lager unterhielten, damit das Geringste zu tun hätten. Die Gefängnis-Subkultur ist natürlich nicht mit einer weltoffenen Einstellung zum Sex zu verwechseln. Laut meinen Gewährsleuten war man im Milieu der kriminellen Elite irgendwann sogar damit befasst, zu klären, wie man sich gegenüber den Häftlingen verhalten soll, die sich nach dem langen Knastaufenthalt nicht zu Frauen hingezogen fühlen und auch in Freiheit weiter mit Männern geschlechtlich verkehren.

Die Zustände in der »Isolation« lösten allerdings sogar bei Häftlingen mit zwanzigjähriger Lagererfahrung Entsetzen aus. Der Chef dieses KZs war schlicht sexbesessen – natürlich auf die ihm eigene perverse Art, was zur Folge hatte, dass Dutzende von Menschenschicksalen zerstört wurden. Diese Besessenheit kam sowohl in seiner Sprache, die zum Großteil aus sexuell aufgeladenen Flüchen bestand, als auch in seinem Verhalten zum Ausdruck. So öffnete er manchmal ungeniert die Tür zum Duschraum, wenn sich dort zwei Häftlinge wuschen, und brüllte durch das ganze Haus, dass sich da gerade zwei Schwule gegenseitig einen runterholen. Natürlich benutzte er ausschließlich Vulgärausdrücke mit dem entsprechenden Tonfall und Humor oder dem, was er dafür hielt. Den Frauen erging es nicht besser, nur dass er ihnen beim Öffnen der Tür Hilfe bei der Intimwäsche oder oralen Sex anbot, was man gleichfalls auf dem ganzen Flur hören konnte.

In der »Isolation« wurde ein System errichtet, das entfernt an den kriminellen Verhaltenskodex erinnerte. Die sogenannten »Hähne« oder »Herabgesetzten« gehörten unbedingt dazu. Allerdings fand die Versetzung in diese Kaste hier ausschließlich unter Palytschs persönlicher Aufsicht statt, und zwar als Bestrafung mit dem Schwanz: Ebendiesen mussten Häftlinge, die zuvor selbst schon so gedemütigt worden waren, den Opfern über die Lippen oder die Stirn ziehen. Was in einem normalen Gefängnis selbst aus Sicht der Leitung jede Grenze gesprengt hätte, entwickelte sich in der »Isolation« zur Norm und wurde irgendwann auch noch mit Ironie garniert. So zwang der »Herr Kommandant« einmal zwei »Herabgesetzte«, sich in Gegenwart der anderen Gefangenen zu küssen und ließ sich dabei gutgelaunt darüber aus, was die beiden jetzt wohl erwartete.

Dabei hatten Männer unter den sexuellen Perversionen der Leitung viel seltener zu leiden als Frauen. Bei den weiblichen Gefangenen verzichtete Palytsch darauf, »Herabsetzen« zu spielen. Er suchte sich einfach ein neues Opfer für die Nacht aus und befahl seinen Untergebenen, es vor dem Abendsignal »herzurichten«. Oft war schwer zu sagen, ob er eine gerade neu eingetroffene junge Frau bloß einschüchtern wollte oder ob sie tatsächlich den Weg in sein Schlafzimmer im ersten Stock antreten musste. Ich erkläre das an einem Beispiel.

Wenn man in der Zwei oder Vier saß, bekam man durch die leicht geöffnete Futterklappe zwangsläufig mit, wie sich die Aufseher für die Insassinnen der Frauenzelle, der Drei, interessierten – allen voran Palytsch, der ein besonderes Vergnügen darin fand, die Frauen ungeniert mit den dreckigsten Schimpfwörtern für das weibliche Geschlechtsorgan zu überhäufen, selbst wenn bei uns die Futterklappe offen war. Dabei nahm er es sich manchmal heraus, eine Frau plötzlich zu siezen und ihr damit vermutlich den nächsten Schock zu bescheren, den er dann wieder auskostete. Solche psychologischen Wechselbäder waren sicher kein Zufall, und dass sie die gewünschte Wirkung erzielten, zeigte die Reaktion der Frauen: erst Tränen, dann ein Tonfall, der fast klang, als würden sie ihren Vater um Schutz bitten. Natürlich kann es sein, dass die Frauen einfach mitspielten und sich der Situation anpassten, um zu überleben und nachts nicht geschlagen zu werden. Aber mein Eindruck war ein anderer, und der folgende Vorfall untermauert dies.

Einmal wurde nachts wieder eine neue Gefangene eingeliefert. In der Vier konnten wir deutlich ihr Stöhnen hören, als sie – offenbar nach den nächtlichen »Prozeduren« – über den Flur in die Sechs, eine weitere Frauenzelle, gebracht wurde, und zwar von Palytsch, der sie mit allen möglichen groben Flüchen belegte und ihr androhte, am nächsten Tag werde man sie vergewaltigen (um einen druckreifen Ausdruck zu verwenden). Was eine Frau durchmacht, deren Alltag sich gestern noch um Ladenpreise und Kinderkleidung drehte, die heute gefoltert wurde und der für morgen offen die Vergewaltigung angedroht wird, kann man sich kaum vorstellen.

Bei der Essensausgabe am nächsten Morgen hörte ich dann ebenso deutlich, wie Palytsch höchstselbst zur Sechs kam und ziemlich ruhig fragte: »Womit kann ich dir helfen?« Den Gesprächsfetzen entnahm ich, dass sich bei der Neuen nachts etwas entzündet hatte – vermutlich am Unterleib und vielleicht durch die Folter, denn Palytsch sagte, in der »Isolation« gebe es keinen Gynäkologen. Das war nicht gelogen: Es gab hier überhaupt keine Ärzte, bis auf den Sadisten, der die Erstuntersuchung vornahm und am Vorabend immer mit von der Partie war, wenn die Gefangenen, die er am nächsten Tag untersuchen sollte, gefoltert wurden – er bestellte sozusagen seinen eigenen Friedhof. Jedenfalls sprach der Kommandant plötzlich in einem völlig anderen Ton mit der Frau, und so unglaublich es ist, sie ließ sich mit ihm ein. Schließlich war dieser Psychopath und Sadist der Einzige, der ihr Zuwendung zeigte, auch wenn er in der letzten Nacht noch gedroht hatte, sie »den Kerlen zu überlassen«.

So wurde die Situation der Frauen ausgenutzt, die unmerklich ein Stockholm-Syndrom entwickelten. Und am schlimmsten erging es denen, die zusammen mit ihrem Mann oder Freund in der »Isolation« landeten: Palytsch erpresste sie ganz offen mit der Unversehrtheit ihres Liebsten, den er oft gleich neben der Frauenzelle einquartierte, um so beide um den Verstand zu bringen. Mit diesen Methoden erreichte er, was er wollte.

Als der Kommandant dann abgesetzt und selbst in den Keller gesperrt wurde, entwickelten sich die Dinge jedoch irgendwann andersherum. Ob durch Zufall oder Absicht, die weiblichen Insassinnen der »Isolation« wurden immer jünger, es trafen immer mehr junge Frauen und Mädchen ein. Die drei Frauenzellen waren voll belegt, und einige Frauen wurden abwechselnd im Keller untergebracht (vor allem die Neuen, die die »Prozeduren« noch nicht hinter sich hatten). Damals hatte die Leitung die »weibliche Belegschaft« einfach unter sich aufgeteilt. Waren früher aus dem Monitorraum Schreie und Sprüche wie »Mal sehen, wie du dich auf meinem Schwanz machst« zu hören, so zeigten sich die Frauen jetzt nicht abgeneigt, den Herren des Ortes von sich aus intime Dienste zu erweisen.

Man kann ihnen daraus kaum einen Vorwurf machen, und nicht nur, weil wohl den wenigsten von uns die Rolle des Richters zusteht. Die »Isolation« verwischte alle Grenzen, und wenn es sonntags zur Sauna ging und die diensthabende Schicht ihre Favoritinnen aus den Zellen dorthin mitführte, war das nur ein weiteres Anzeichen für den Aberwitz, der hier herrschte. Angesichts ihrer Jugend und ihres wirklich anziehenden Äußeren hätten diese Frauen wohl mit Vergewaltigung rechnen müssen, wenn sie dem nicht durch freiwillige Einwilligung zuvorgekommen wären. Vielleicht. In dieser Hinsicht war das Alter für viele die Rettung: Je älter eine Frau war, desto höher die Wahrscheinlichkeit, dass sie einfach bloß verprügelt wurde. Dazu noch eine Episode:

Ich weiß noch, wie ein Zellengenosse mir einmal brühwarm erzählte, er habe eben gerade, als er zu uns geführt wurde, eine dieser jungen Frauen auf dem Flur gesehen, auf dem Weg aus dem ersten Stock, im Pyjama, mit Zahnbürste und Zahnpasta. Als sie ihn und den Wärter erblickt habe, sei sie schnell um die Ecke gehuscht. Ich empfand in diesem Moment weder Zorn noch Missbilligung; ich wollte einfach nur schreien, aber auch das konnte ich nicht. Es ging mir nicht um das Schreien selbst, sondern um die Notwendigkeit, überhaupt noch etwas zu spüren – dieser Ort, dieser Traum eines Wahnsinnigen, hatte mich endgültig zermürbt. Ich war jetzt seit zwei Jahren hier. All diese Zeit über hatten sie Menschen geschlagen, vergewaltigt und gefoltert, ein Wettbüro eingerichtet und Kämpfe zwischen den Gefangenen veranstaltet, sie gezwungen, wie Hunde zu bellen, sie erniedrigt und unter Strom gesetzt. Und jetzt auch noch ein Bordell.

Manche sagten mir, ihr Hass auf solche Frauen sei fast noch größer als der auf die Leitung. »Kapierst du denn nicht«, beschwor mich einmal ein Zellengenosse, »dass sie die ganzen Leiden, die ganzen zerstörten Existenzen ausradieren, indem sie von sich aus zu denen ins Bett hüpfen? Sie machen daraus eine Show, eine Fernsehserie: ›Morgen fahre ich mit den Jungs in die Banja, am Donnerstag schlafe ich im ersten Stock, und am Mittwoch ficken sie mich in der Küche – so kriege ich die Zeit schon irgendwie rum.‹ Das ist doch Irrsinn, Stas. Es ist einfach nur Irrsinn und kein Ort. Deshalb sage ich immer, dass ich bereit bin, mein Leben herzugeben, wenn nur ihres auch genommen wird: Sollen sie uns vom Erdboden tilgen, aber diesen Ort darf es einfach nicht geben.«

Ich muss aber noch einmal betonen, dass es nicht das Gleiche ist, als Frau oder als Mann in der »Isolation« eingesperrt zu sein. Stellen Sie sich vor, Sie müssten drei Monate lang in Zelle sechs ohne Toilette leben und die ganze Zeit in den Abfalleimer machen, während Sie rund um die Uhr beobachtet werden. Ganz abgesehen von den Kellern und Karzern, die für Frauen viel schwerer zu ertragen sind als für Kerle. Alles, was mit Sex zu tun hatte, begann immer mit »sanfter Gewalt«. Wenn eine junge Frau die Andeutungen nicht verstehen wollte, kam sie auf die Sechs, wo nicht nur der Abfalleimer auf sie wartete, sondern sie manchmal Stunden am Fenster stand: Sie wurde mit dem Rücken zur Tür gedreht und musste mit der stickigen Tüte auf dem Kopf lange so ausharren, angeblich wegen irgendeines Vergehens. In der »Gefügigenzelle«, so ließ man sie wissen, gab es einen Fernseher, eine Toilette und sogar eine Klimaanlage. Außerdem durften sich die Frauen dort fast den ganzen Tag über frei auf dem Areal bewegen, wurden in die Küche gelassen und bekamen gutes Essen. Sie wurden auf Schützenpanzerwagen über das Fabrikgelände kutschiert, wobei sie es gleich reinigten und die frische Luft genossen – und überhaupt machten sie weder sich noch anderen das Leben schwer. Damals, als die »Isolation« sich in ein regelrechtes Bordell verwandelte, wurde ich in das Hauptgefängnis von Donezk verlegt, und das war eines der freudigsten Ereignisse dieser letzten beiden Jahre.

Die Flucht

Es gibt wohl kaum einen Gefangenen, der nicht an Flucht denkt. Mir ging es sogar im Keller der »Zentrale« so, wo die Chancen gleich null waren. Aber es wäre mir im Traum nicht eingefallen, dass ich einmal gezwungen sein würde, einem anderem bei der Flucht zu helfen und selbst im Gefängnis zurückzubleiben. Ich meine den Häftling aus Russland, den ich noch aus dem Keller kannte und der dort schon seit acht Monaten saß, als sie mich in die Nachbarzelle warfen. Dieser Mensch, Denis, hatte beim russischen Militärnachrichtendienst GRU gedient und war in den Donbass gekommen, um die »russische Welt« zu verteidigen. Und dann hatten seine eigenen Leute ihn grausam gefoltert, und der FSB hatte ihn im Keller verschwinden lassen – ohne Anklage, Prozess oder Vernehmungen, sie kümmerten sich einfach nicht weiter um ihn. Die lange Vorgeschichte erspare ich Ihnen hier, jedenfalls sagte er ein Jahr später in der »Isolation« zu mir: »Ich hau hier ab.« Und damit begann für mich die Flucht.

Nachdem er mir einmal davon erzählt hatte, gab es keine Möglichkeit mehr, mich herauszuhalten oder mich gegen ihn zu stellen. Mit ihm zusammen fliehen konnte ich auch nicht, weil ich als einziger Insasse der ganzen »Isolation« grundsätzlich nie für Arbeiten außerhalb der Zelle eingesetzt wurde. Und eine Flucht aus der Zelle kam nicht in Frage. Trotzdem musste ich notgedrungen mitmachen, denn falls der Fluchtplan scheiterte und sie ihn erwischten, würde er früher oder später erzählen, dass ich Bescheid gewusst hatte. In diesen Kellern schweigt keiner – die Menschen sind hier zu Dingen fähig, die für sie noch vor kurzem unvorstellbar gewesen wären. Ich wusste von jemandem, der unter Folter gezwungen wurde, Falschaussagen gegen einen Menschen zu machen, den er nicht einmal kannte. Wenn sie diesen Russen, den der FSB wegen der Informationen, die er besaß, schon das zweite Jahr hier versteckte, erwischten, würden sie sein Innerstes nach außen kehren. Also lag es in meinem Interesse, dass sein Plan gelang. Außerdem wollte er zu uns in die Ukraine fliehen und nicht nach Russland, und er hatte mir kurz vorher praktisch alles über seinen Fall und über die Russen erzählt, für die er seit 2014 gearbeitet hatte.

Es fiel mir sehr schwer, mit seiner bevorstehenden Flucht klarzukommen. Als Gefangener in der »Isolation« steht man sowieso dauernd unter Stress, weil man in jedem Moment mit Gewalt rechnen muss, und dazu kommen die Ungewissheit über das eigene Schicksal und die Gedanken an die Angehörigen. Wenn man dann noch über Fluchtpläne nachdenkt, laugt einen das innerlich aus. Das war nicht nur mir anzumerken. Der eigentlich redselige und muntere Denis wurde im-

mer verschlossener, und ich fürchtete, dass das auch anderen auffallen könnte. Man muss nicht nur den Plan selbst in allen Einzelheiten durchdenken, sondern auch die Möglichkeit des Scheiterns, über die man sich sowieso zwangsläufig Gedanken macht. Ich versuchte mir vorzustellen, was ich beim Verhör antworten würde, auf welche Fragen ich gefasst sein musste. In der Atmosphäre der »Isolation« brachten mich diese Überlegungen an meine psychischen Grenzen, und ich hoffte inständig, dass alles so bald wie möglich passieren würde.

Als ich begriff, dass ich mich dem Satz »Ich hau hier ab« nicht mehr entziehen und mir die Ohren nicht mehr zuhalten konnte, hatte ich für den Russen einen Tag lang nur noch Grobheiten übrig. Ich konnte nicht glauben, dass er mir so übel mitspielte. Schließlich wusste er ganz genau, dass ich bleiben musste, und auch, dass ich ihn nicht verraten konnte. Er ließ mir keine andere Wahl. Ich sollte seinen Plan mit einem »frischen Blick« beurteilen und ihm einen Kontakt auf der ukrainischen Seite vermitteln, damit er von unseren Geheimdiensten nichts zu befürchten hatte.

Natürlich hörte ich mir alles an, und es stellte sich heraus, dass er eigentlich gar keinen richtigen Plan hatte. Abgesehen davon, dass sein Pass in Russland beim FSB lag und er ohne Geld dastand, hatte er keine Antworten auf einfache Fragen: Was machst du, wenn die Leute, zu denen du fliehen wolltest, gestorben oder weggezogen sind oder vor lauter Angst die Polizei rufen? Wo kannst du dich aufhalten, bis du dich zu ihnen durchschlägst? Wo kriegst du Anziehsachen her, damit dich der Geruch nicht verrät, wenn sie einen Hund auf dich ansetzen? Und schließlich: Wie sollte ich selbst glaubhaft machen, dass ich nichts von der Flucht gewusst hatte, wenn man mich an den Lügendetektor anschließen würde? Diese Frage machte mir am meisten zu schaffen: Mir war klar, dass sie nach der Flucht alle Insassen unserer Zelle aufs Ausführlichste verhören würden. Und bei der Frage, mit wem der Geflohene am meisten geredet hatte, würden die anderen auf mich zeigen. Wenn herauskäme, dass ich von der Flucht gewusst hatte … Hier gab es viele mögliche Fortsetzungen, aber alle liefen auf elektrischen Strom und Kabel hinaus.

Zuerst kümmerten wir uns um die Geldfrage. Erstaunlicherweise ließ sie sich am leichtesten lösen. Im Laufe der Jahre waren immer wieder mal russische Münzen zwischen die Pritschenbretter in der Zelle gefallen – mal ein Einrubelstück, dann ein Zwei- oder Fünfrubelstück. Insgesamt kratzten wir so etwa sechzig Rubel zusammen, genug, um von Donezk in jede angrenzende Stadt zu gelangen. Danach ließ ich Denis die Familiennamen von drei Leuten auswendig lernen, die er nacheinander aufsuchen sollte, um ihnen genau das zu sagen, was ich ihm jetzt mitteilen würde. Das waren langjährige private Bekannte, die auf meine Freilassung warteten. Mit jeder dieser Personen verband mich eine gemeinsame Vergangenheit – Situationen, von denen nur ich und sie wussten. Davon erzählte ich dem Russen, damit sie ihm glaubten, wenn er irgendwann wirklich entkommen sollte.

Das Kleidungsproblem wurde schlicht ignoriert: Denis konnte sich nicht vorstellen, dass man einen Hund auf ihn ansetzen würde. Genau das passierte dann aber: Kaum war klar, dass er abgehauen war, stürmten die diensthabenden Wachen in unsere Zelle und holten seine Sachen, um sie dem Hund zum Schnüffeln zu geben. Die Spur führte zu der Militärschule, wo er für das Geld, das wir in der Zelle zusammengekratzt hatten, einen Bus genommen hatte.

Er hörte auch nicht auf meine Bitte, in unserer Zelle eine Schlägerei anzuzetteln, um verlegt zu werden: »Zieh hier aus, um den Verdacht von mir abzulenken, und hau dann in ein paar Wochen in aller Ruhe ab.« Das war ihm zu kompliziert, zu ausgeklügelt, und außerdem fürchtete er nicht zu Unrecht, für eine Schlägerei im Karzer, statt in der Nachbarzelle zu landen und wertvolle Zeit zu verlieren.

Das Einzige, was er wirklich durchdacht hatte, war der Plan seiner Flucht von dem Fabrikgelände, wohin man die Gefangenen zur Arbeit brachte. Wie er sagte, stand sein Entschluss schon kurz nach unserer Verlegung in die »Isolation« fest, und deshalb hatte er das ganze Jahr lang den treuen russischen Patrioten gespielt, um zur Arbeit im Freien eingesetzt zu werden und das Vertrauen der Leitung zu gewinnen. In den letzten Monaten hatte er nur noch die Schritte und Sekunden gezählt, die zwischen verschiedenen Objekten auf dem Gelände und dem Ausgang zum Wohngebiet lagen, der nicht einmal bewacht wurde. Das weiträumige ehemalige Fabrikareal hatte nämlich eine offizielle Einfahrt und war ansonsten teils abgezäunt, teils zu den Häusern hin offen. Die Leitung störte das nicht, weil der Ruf der »Isolation« so schlecht war, dass es niemandem eingefallen wäre, das Gelände zu betreten.

Und dann gab es bei den Fluchtvorbereitungen noch einen Moment, der mich völlig aus der Fassung brachte. Eines Tages sprachen wir darüber, bei welcher Schicht die Fluchtchancen am besten standen. Denn auch in der Wachmannschaft gab es unterschiedliche Leute. Manche traten härter auf und waren nach 2014 im Krieg oder noch zuvor beim Geheimdienst gewesen. Es gab aber auch andere, die durch eine Art Laune des Schicksals vom Bauarbeiter zum Gefängnisaufseher befördert worden und zufällig hier gelandet waren. Natürlich war es am besten, zu fliehen, wenn eine Schicht Dienst hatte, die nicht allzeit wachsam war. Aber da stellte sich plötzlich heraus, dass Denis diese Leute »nicht hinhängen« wollte. Im ersten Moment verstand ich gar nicht, was er meinte. Im Innersten war mir wohl schon klar, was er mir gleich sagen würde, aber ich weigerte mich, es zu glauben.

Verglichen mit den offensichtlichen Sadisten konnte einem das Verhalten der »lockersten Schicht« schon fast menschlich vorkommen, und mein Zellengenosse war einem klassischen Stockholm-Syndrom erlegen. Er hatte Mitleid mit diesen Leuten, weil sie sich das ganze Jahr über freundschaftlich mit ihm unterhalten hatten. Und jetzt schien ihm, dass er ihnen all das »Gute«, was sie für ihn getan hatten, mit seiner Flucht übel vergelten würde. Dieses »Gute« beschränkte sich darauf, dass sie ihn nicht schlugen oder beschimpften und ihn mit Namen anredeten, was in der »Isolation« selten genug vorkam. Aber auch abgesehen davon war die Vorstellung, dass er ihnen Dank schuldete, völlig absurd. Das musste ich ihm auf der Stelle unmissverständlich klarmachen und den Schock der Erkenntnis, dessen Auswirkungen sich hier zeigten, auszunutzen. Also sagte ich ihm ungefähr dies:

»Denis, du bist in mein Land gekommen, um die ›russische Welt‹ zu verteidigen. Niemand hat dich dazu gezwungen, du hast das von selbst getan, weil du an die Sache geglaubt hast. Und was hat es dir gebracht? Deine eigenen Leute haben dich gefoltert: Sie haben dir eine Tüte über den Kopf gestülpt, dich mit Wasser übergossen und dir gleichzeitig Strom in den Körper gejagt. Dann haben sie dich ohne Anklage in den Keller geworfen und dich dort acht Monate lang wie ein Stück Vieh gehalten. Hier in der ›Isolation‹, haben sie dich versklavt, damit du auf dem Fabrikgelände Tag für

Tag Metall schneidest, Reifen schleppst und ihnen ein Übungsgelände baust, für zwei Kanten Brot und ein halbes Schälchen Kascha. Du weißt das alles selbst. Und da plagst du dich wegen den Leuten, die dir all das angetan haben und die heute Abend seelenruhig nach Hause gehen, mit ihrer Frau schlafen, lecker essen, Fußball schauen und Bier trinken, um dich morgen wieder aufs Gelände zu treiben? Du machst dir ernsthaft einen Kopf darum, dass sie wegen dir ein paar Formulare ausfüllen müssen? Dann hör mir mal zu: Du existierst hier nicht einmal – es gibt kein Strafverfahren gegen dich. Also kannst du offiziell auch nicht fliehen. Wach auf!«

Er meinte daraufhin, ich solle ihm so etwas öfter sagen. Und wirklich: selbst wenn uns etwas direkt vor Augen steht, begreifen wir es oft erst, wenn es auch offen ausgesprochen wird.

Am 7. August 2018 war es dann so weit: Die Zellentür ging auf, und herein kam ein Mithäftling, der an diesem Tag zusammen mit Denis gearbeitet hatte. Auf meine übliche Frage »Was gibt's Neues?« sagte er, Denis sei abgehauen. Ich hatte nicht gewusst, welchen Tag er ins Auge gefasst hatte und war erleichtert und alarmiert zugleich. Leichter wurde mir, weil ich ab jetzt nichts mehr damit zu tun hatte – alles war allein seine Sache. Und unruhig wurde ich, weil ich gehört hatte, was mein Zellengenosse als Nächstes sagte:

»Ich kann mir schon denken, wie sie mich jetzt foltern werden.«

Die beiden waren an diesem Tag zusammen zur Arbeit gebracht worden. Außer der Militärbasis, dem Technikkomplex und dem Gefängnis selbst hatte die Leitung auf dem Gelände der »Isolation« eine große Landwirtschaft eingerichtet. So unglaublich es klingt: Dieselben Leute, die seit Jahren andere Menschen grausam folterten, hielten zugleich Geflügel, Nutrias und Schweine und bauten Gemüse an. Bewirtschaftet wurde das alles natürlich von Gefangenen, die sich manchmal abgelaufene Lebensmittel aus dem Bestand für die Schweinefütterung mit auf die Zelle nehmen durften. Oft war das immer noch besser als das Essen, das wir offiziell bekamen. Einmal bot mir der Zellenälteste – ein Soldat aus der Gegend – sogar an, abends ein Schaschlik aus dem Fleisch von Hunden mitzubringen, die auf dem Gelände erschossen worden waren, weil sie dort ständig Hühner gerissen hatten. Aber Hundefleisch ist doch noch eine andere Nummer als madige Pralinen, und ich verzichtete lieber auf diese Delikatesse.

Wie dem auch sei, am Tag seiner Flucht hatte man Denis als »russischem Patrioten« eine besonders leichte Arbeit zugeteilt: Er sollte nur den Gemüsegarten gießen. Sein Bewacher, auch er ein russischer Staatsbürger, vertraute ihm vollkommen und wusste außerdem gut, dass Denis weder Geld noch Dokumente hatte. Also legte er sich unter den Bäumen zu einem Nickerchen hin. Denis bleib allein mit dem Gartenschlauch zurück, den er prompt fallen ließ, um auf die Wohnhäuser zuzurennen. Interessanterweise blieb ihm dafür deutlich mehr Zeit, als wir kalkuliert hatten. Die Wachleute fingen erst eine Viertelstunde später an, nach ihm zu suchen, und liefen dann eine weitere Viertelstunde in aller Ruhe das Gelände ab, weil sie dachten, er sei aufs Klo gegangen. Erst nach einer halben Stunde war klar, dass der Gefangene geflohen war, und erst da schlugen sie Alarm.

Was unseren Mithäftling betraf, so hatte er in einem der Industrieschuppen gearbeitet und wirklich nichts von der Flucht geahnt. Erst in diesem Moment wurde mir richtig bewusst, in welchem Dilemma ich steckte: Wenn sie ihn verhören und foltern würden, wäre ich der Einzige, der sie davon abbringen könnte. Er hatte ja tatsächlich nichts von dem Fluchtplan gewusst, ich dagegen sehr wohl. Aber wenn ich das täte, würde es sowohl mich als auch Denis das Leben kosten, und alles wäre umsonst gewesen.

Zum Glück kam es nicht so weit: Die ganze Zellenbelegschaft wurde verhört, ohne Ausnahme und ohne besondere Schwerpunkte. Als die Reihe an mich kam, sagte ich nur immer wieder: »Er ist ein Russe, der in mein Land gekommen ist, um Menschen wie mich umzubringen. Wir hatten uns nicht viel zu sagen, und ich weiß nichts über ihn.« Ich muss hier anmerken, dass

Denis schon im Keller der »Zentrale« unter einer erfundenen Identität festgehalten wurde, die ihn auch in die »Isolation« begleitete. Und vor der Flucht hatte er mir seine gesamte Lebensgeschichte erzählt und mir seine echten persönlichen Daten verraten, und dazu noch den Grund, weshalb der FSB ihn als »Nikolai Fedossow« führte. Aber in diesem Moment, während des Verhörs, versuchte ich, das aus dem Kopf zu kriegen.

Nach und nach legte sich dann die Aufregung, und die Flucht wurde glücklich vergessen. Die meisten Gefangenen glaubten ohnehin nicht daran. Sie waren überzeugt, Denis sei einfach umgebracht und irgendwo unter der Halde verscharrt worden, weil man nicht wusste, was man weiter mit ihm tun sollte. In einem solchen Fall bietet es sich an, das Verschwinden eines Menschen als Flucht auszugeben. Und es ist gut möglich, dass genau dieses Schicksal Denis irgendwann ereilt hätte. Auch das hatte ich ihm gesagt, als er sich mit seinen Gewissensbissen wegen der »netten Schicht« herumplagte. Denis wusste, dass sie ihn nicht wieder freilassen würden: Einen russischen Staatsbürger zwei Jahre lang ohne Anklage in den Keller sperren – das kann nur, wer sich sicher ist, dass sein Opfer dort nicht wieder herauskommen wird. Dieser Gedanke bedrückte ihn mehr als die Angst vor einem möglichen Scheitern; auch darüber sprachen wir. Wer weder Perspektiven noch eine Zukunft hat, ist besonders gefährlich und besonders unglücklich. Alle Menschen brauchen dieses kleine Lichtlein, den Punkt, der sich irgendwann auf den ganzen Horizont ausweiten wird. Für uns andere war das die Hoffnung auf einen Austausch, Denis verschaffte sich dieses Licht selbst.

Später in Freiheit erfuhr ich, dass er sich mit den Leuten in Verbindung gesetzt hatte, die ich ihm genannt hatte. Aber sie hatten keinen gemeinsamen Nenner gefunden, und statt in die Ukraine musste er zurück nach Russland fliehen, wo er sich weiterhin vor dem FSB versteckt.

Hungerstreik ist kein Ausweg

Irgendwann hatte mein Hass auf diesen Ort den Siedepunkt erreicht: Ich öffnete morgens die Augen und konnte einfach nicht mehr ertragen, was ich um mich herum sah. Nicht, weil ich schon seit über einem Jahr gefangen war, sondern weil ich es gerade hier war, in der »Isolation«. Ich hasste sie aus tiefster Seele. Auch wenn ich hier auf Anweisung von oben sehr viel schonender behandelt wurde als die anderen – meine Grenzen waren erreicht, und ich war mir dessen bewusst.

Meine Gesuche um Verlegung ins Gefängnis blieben unbeantwortet, nur ein einziges Mal hatte ich eine offizielle Ablehnung erhalten. Die Begründung konnte einem die Tränen in die Augen treiben: Im Gefängnis sei mein Leben bedroht, und falls ich dort stürbe, könne das die Ermittlungen behindern. Als ich dann später doch ins Donezker Hauptgefängnis verlegt wurde – nur für achtzehn Tage, vor der Überführung ins Lager –, staunten alle Zellengenossen über meinen Optimismus und Humor. Sie konnten nicht verstehen, warum ich fast jeden Tag strahlte. In diesem heruntergekommenen Wanzenloch mit kahlen, abgeblätterten Wänden und kaputten Fenstern, durch die es nachts zog, unter katastrophalen Hygienebedingungen und in der Gesellschaft von Verbrechern war ich voller Euphorie – denn hier konnte ich es mir erlauben, tagsüber abzuschalten und ruhig einzuschlafen. Ich musste nicht mehr bei jedem Türgeräusch aufspringen und Angst haben, nicht rechtzeitig mit der Tüte auf dem Kopf dazustehen, und nachts hatte ich außer den Wanzen nichts zu fürchten. Wer aus der »Isolation« ins Gefängnis kam, konnte sich hier erholen. Ich hatte zu diesem Zeitpunkt eine Wegstrecke von dreißig Monaten hinter mir, und als ich endlich auf die kalte Gefängnisliege fiel, war ich zu Tode erschöpft …

Einstweilen saß ich aber noch in der »Isolation« und wurde zu einem Treffen mit meiner Mutter gebracht. Sie konnte mich etwa alle drei Monate besuchen, und darin sah ich meine einzige Chance. Für meinen Hungerstreik brauchte ich ihre Unterstützung, denn wenn die Nachricht gar nicht erst aus der Zelle gelangte, würde alles zwecklos sein. Also fragte ich den Ermittler im Beisein meiner Mutter noch einmal, ob es inzwischen eine Antwort auf all meine schriftlichen Gesuche um Verlegung ins Gefängnis gebe. Prompt versicherte er mir mit dem üblichen ironischen Grinsen, ich würde niemals verlegt werden, sondern bis zum Schluss hierbleiben, falls der überhaupt je käme. Daraufhin erklärte ich, ich würde so lange nichts essen, bis ich mit einem UNO-Vertreter sprechen könne und in ein normales Gefängnis gebracht werde. Meine Mutter erlitt einen hysterischen Anfall, und dem Ermittler verging das ironische Lächeln. Er brüllte, fluchte und drohte, ich werde meine Mutter hier nie wieder sehen. Er sollte Wort halten: Die nächste Begegnung mit ihr fand erst anderthalb Jahre später statt, nachdem ich endlich ins offizielle Gefängnis gekommen war. Ich bat meine Mutter inständig, mich zu unterstützen und in Kyjiw die Nachricht zu überbringen, dass ich einen Hungerstreik begonnen hatte. Doch sie versuchte in unseren letzten gemeinsamen Minuten, mir mein Vorhaben auszureden, und hörte unter Tränen dem Ermittler zu, der brüllte, er wisse nicht »was für Maßnahmen sie in dieser Sache in der ›Isolation‹ ergreifen werden«.

Kaum hatte man mich wieder in die Zelle gebracht, als ein ganzes Konsilium von Sturmhauben eintrat: Die gesamte Leitung hatte sich eingefunden, und sie ließen mich am Tisch Platz nehmen. Alle anderen Gefangenen hielten sich kerzengerade, nur ich durfte sitzen.

»Dir ist hoffentlich klar, dass wir dich nicht sterben lassen? Wir können deine Leiche nicht brauchen. Im besten Fall warten Nadeln auf dich: Wir ernähren dich mit der Spritze. Wenn du wirklich ins Gefängnis verlegt wirst, stecken sie dich mit deinen zerstochenen Armen direkt zu den Junkies. Zur Not flößen wir dir das Essen auch mit dem Trichter ein. Also, überleg's dir und mach dir das Leben nicht schwer.«

Das Vorrecht einer solchen Unterredung wurde mir zuteil, weil ich Journalist war. Wieder einmal sorgte meine Bekanntheit dafür, dass ich unversehrt blieb. Jeden anderen hätten sie längst in den Keller gebracht, an die Stromkabel angeschlossen und ihm ein Schälchen mit Essen hingestellt. Gutes Zureden war in der »Isolation« nicht üblich. Ebenso wenig wie Hungerstreiks – ich war der Erste, der diesen Weg ausprobierte. Als die Leitung wieder draußen war, sagte mein Freund, der Arzt, ich hätte auch so schon mehr erreicht, als zu erwarten war:

»Iss ruhig, das macht jetzt keinen Unterschied mehr. Du hast deine Mutter über den Hungerstreik informiert. Entweder übermittelt sie das nach Kyjiw oder nicht. So oder so spielt es keine Rolle mehr, ob du es wirklich durchziehst – was zählt, ist die Aufmerksamkeit, die du erregt hast. Das wird sie unter Druck setzen. Fang ruhig wieder zu essen an, wir kriegen hier ohnehin so gut wie nichts.«

Da war etwas dran. Abends bot ein Zellengenosse an, mir im »toten Winkel«, wo die Wachen mich nicht sehen konnten, ein Stück Brot zu geben. Trotzdem lehnte ich ab. Das Problem war, dass ich mir meiner Mutter nicht völlig sicher sein konnte. Vermutlich hatte der Ermittler mit ihr gesprochen und auf sie eingeredet, »ihrem Sohn nicht zu schaden«, also den Mund zu halten. Dann blieb nur noch, mir die Venen zu öffnen. Diesmal nicht, um tatsächlich zu sterben, sondern um Aufmerksamkeit zu erzeugen: Die »Isolation« war in jeder Hinsicht extrem, und nur mit extremen Mitteln ließ sich hier etwas erreichen. Für diesen Fall war ich darauf angewiesen, dass die Wache mich ernst nahm. In einer Zelle gibt es immer Zuträger. Wenn ich das Brot heimlich gegessen hätte, wäre die Nachricht bald darauf im Monitorraum angelangt und hätte dort für ein zufriedenes Lächeln gesorgt.

Die Folgen des Nahrungsmangels machten sich in der »Isolation« sehr rasch bemerkbar. Ein gesunder Organismus kann wochenlang ohne Nahrung auskommen, aber ich war schon am sechsten Tag nicht mehr fähig, den Hofgang anzutreten. Mich plagten furchtbare Atembeschwerden, ich spuckte Galle, woraufhin sich ein Zahn auflöste, und meine Leber schmerzte. Dazu kam, warum auch immer, ein Taubheitsgefühl in den Füßen, so dass ich in der Zelle blieb, während die anderen Ausgang hatten. Mein Zellengenosse, der Arzt, sagte, bei einem Hungerstreik gebe es eine sehr gefährliche psychologische Schwelle, an der man nicht mehr abbrechen kann, selbst wenn dann klar ist, dass man in ein paar Tagen sterben wird. Meinen Symptomen nach zu urteilen hätte ich diesen *point of no return* womöglich schon erreicht. Auch hier hatte er in gewisser Weise recht: Ich konnte kein Ende absehen. Ein Tag folgte auf den nächsten, es ging mir immer schlechter, aber ich wurde weder verlegt noch mit Spritzen und Trichtern traktiert.

Eines Morgens, nachdem ich wieder einmal das Frühstück verweigert hatte, ging dann schließlich die Zellentür auf, ein Aufseher kam herein und sagte:

»Ihr wisst ja alle Bescheid über die Situation mit Assejew. Also, solang er nicht wieder zu essen anfängt, kriegt die ganze Zelle nichts.«

Sogleich hörte ich, wie um mich herum alles frustriert aufstöhnte, selbst die anderen »Politischen«. Und ich konnte die Leute verstehen. Mein Hungerstreik war nicht ihr Problem; sie bekamen auch so schon nur fünf Löffel Kascha ins Schälchen und ein hauchdünnes Scheibchen Brot dazu. Und dabei trieb man sie noch zur Arbeit hinaus; sie waren auch ohne mein Zutun ausgehungert genug. Ich bat darum, in den Karzer verlegt zu werden, und erhielt zur Antwort: »Hier sitzen überall Leute, die essen müssen. Und du bist nun schon mal hier, also kriegt diese Zelle eben nichts.«

So begann ich wieder zu essen. Ich kann nicht sagen, dass der Hungerstreik gar nichts gebracht hätte. Drüben auf der anderen Seite erfuhren tatsächlich viele Leute davon. Das sorgte für Aufruhr, so dass meine Peiniger ein Jahr nach meiner Verhaftung ein gestelltes Interview mit mir aufzeichnen mussten, um die Gemüter zu beruhigen und zu zeigen, dass ich am Leben war. Aber verlegt wurde ich nicht, und bis ich aus der »Isolation« ins offizielle Gefängnis kam, sollten noch einmal anderthalb Jahre vergehen.

Warum nicht rebelliert wurde

Wer auf diesen Seiten erstmals von der »Isolation« erfährt, wird sich früher oder später fragen: Wenn dort ausnahmslos alle misshandelt wurden, weshalb gab es dann nie eine Rebellion oder wenigstens Ansätze, irgendwie Widerstand zu organisieren? Ich werde also versuchen, diese Frage zu beantworten.

Wie formieren sich in postsowjetischen Lagern oder Gefängnissen die Kräfte für eine Rebellion? Das System funktioniert ziemlich einfach: Jemand, der in der Lager- oder Gefängnishierarchie ganz oben steht, ordnet den Aufstand an, und dann wird die Botschaft per Kassiber oder persönlich durch die Zellen- oder Barackenältesten verbreitet. Alle Gefangenen, die sich für »anständig« halten, sind verpflichtet, den Aufstand mitzutragen. Als »anständig« gilt nicht etwa, wer sich an Moralgrundsätze hält, sondern wer sich an die Gesetze der kriminellen Welt gebunden fühlt, nach denen man den Aufstand selbst dann unterstützen muss, wenn man den Grund dafür nicht kennt. Man hat einfach mitzumachen, und basta.

Häufig wird eine Rebellion dadurch ausgelöst, dass ein Verbrecherboss in den Karzer oder die Isolationszelle verlegt wurde – so etwa noch vor Beginn der Kriegshandlungen 2014 in einem Gefängnis im Donbass. Damals landete einer der bekanntesten Berufskriminellen, der bis heute eine Schlüsselfigur im ukrainischen Verbrechermilieu ist, in Isolationshaft. Doch selbst ein Aufstand sämtlicher Gefängnisinsassen konnte nichts für ihn ausrichten. Daraufhin fuhren die Größen der Unterwelt mit ihren Autos am Eingang des Lagers vor und erklärten der Verwaltung, entweder werde der Gangsterboss wieder zurückverlegt, oder die Wachmannschaft werde heute Abend nicht nach Hause zurückkehren. Die Verbrecher wissen natürlich genau, dass die Verwaltung in solchen Situationen sofort Spezialeinheiten anfordern kann und dann alle, die mitgemacht haben, selbst im Gefängnis landen. Aber die Verwaltung weiß ebenso gut, dass sich das Problem durch Spezialeinheiten nicht lösen lässt, weil ein paar Kilometer weiter der nächste Autokonvoi auf sie wartet. Deshalb wird in großen Lagern eine Art Gleichgewicht zwischen Insassen und Verwaltung gewahrt: Jede Seite hat ihre rote Linie, die nicht überschritten werden darf.

In der »Isolation« funktionierte diese Logik nicht. Ein Grundproblem war das ungeklärte Selbstverständnis der Leute, die in dieses System gerieten. In normalen Gefängnissen beruht die Identität der Gefangenen auf der Abgrenzung gegenüber der Verwaltung. Deshalb können die Insassen eines Straflagers als Gesamtheit handeln und rebellieren. In der »Isolation« wurde der binäre Gegensatz »wir/die« immer wieder aufgeweicht – sowohl durch die Zusammensetzung der Zellenbelegschaft als auch durch Intrigen der Leitung.

Die Frage der Identität spielt eine zentrale Rolle. Vom Selbstverständnis eines Menschen in Gefangenschaft hängt nicht nur sein Verhalten ab, sondern auch, welche ethischen Grenzen er in kritischen Situationen zu überschreiten bereit ist. Das Besondere an der »Isolation« war, dass hier Menschen mit völlig unterschiedlichem Hintergrund die Zelle miteinander teilten – Ärzte, Spediteure, Bergleute, Geschäftsleute, ehemalige ukrainische Soldaten, eingefleischte Kriminelle, die ihr halbes bisheriges Leben in einem der strengsten Lager verbracht hatten, und natürlich Milizsoldaten der sogenannten Volksrepubliken.

Stellen Sie sich einen solchen Kessel vor, in dem zehn bis fünfzehn Leute zusammengewürfelt sind, die alle unter Schock stehen und versuchen, sich die eigene Lage wenigstens ein bisschen zu erleichtern. Unter solchen Bedingungen halten sich die meisten an die Devise »Hauptsache überleben«. Deshalb fiel es vielen schwer, ihre persönliche Identität abzugrenzen – sie verschmolz oft ganz und gar mit der Situation.

Wenn man das monatelang mitbekommt, begreift man, dass nur ungeheuer willensstarke Menschen es schaffen, dieser Entpersönlichung zu widerstehen und nicht mit der Institution zu verwachsen, die sie betreibt. Und das können Leute mit ganz unterschiedlichem beruflichem und biografischem Hintergrund sein.

Als etwa eines Abends ein neuer Gefangener zu uns gebracht wurde, befahl der Kommandant einem Häftling prompt, diesen zu verprügeln. Dieser Häftling hatte eine wirklich eindrucksvolle Statur, und wenn er getan hätte, was die Leitung von ihm wollte, hätte er sich das Leben beträchtlich erleichtern können. Aber er weigerte sich, woraufhin er aus unserer Zelle verlegt und durch einen ehemaligen ukrainischen Soldaten ersetzt wurde, der den Befehl des Kommandanten sofort ausführte. Wovon hatte sich der erste dieser beiden Häftlinge leiten lassen, und was gab den Ausschlag für die Entscheidung des zweiten? Ich kannte den ersten gut und kann sagen, dass seine Weigerung nichts mit Politik zu tun hatte. Er war zwar in der DNR bei seiner proukrainischen Einstellung geblieben und deshalb auch in der »Isolation« gelandet. Doch sein persönlicher Entschluss, Menschen nichts zuleide zu tun, beruhte ganz und gar darauf, dass eine innere Stimme ihm sagte, diese Handlungsweise sei richtig – auch wenn man sich selbst damit schadet. Die Persönlichkeit und die soziale Identität des zweiten Häftlings hatten sich hingegen unter diesen Bedingungen offenbar komplett aufgelöst. Er hatte in diesem Krieg auf der Seite der Ukraine gekämpft, und diejenigen, deren Befehle er jetzt ausführte, waren für ihn ganz klar Feinde. Aber in diesem Moment war das alles bedeutungslos, und sein Wille war ganz und gar von der Angst beherrscht, er selbst könnte anstelle des anderen verprügelt werden.

Auffällig ist hier auch, dass die Leitung sich anderer Häftlinge bediente, obwohl sie den Mann genauso gut in den Keller hätte werfen können, um ihn selbst zu misshandeln. Auf diese Weise sondierte der Kommandant der »Isolation« die Persönlichkeit der Gefangenen, um dann auf diejenigen zu setzen, die aus Angst oder ganz pragmatischen Erwägungen bereit waren, die Linie zu überschreiten. Und wer sich einmal darauf eingelassen hatte, Mitgefangene zu verprügeln, verschwand nicht einfach, sondern kam in die Zelle zurück, in der seine früheren Opfer saßen. Neben politischen Meinungsverschiedenheiten, die gelegentlich ausgetragen wurden, gab es hier auch den ganz gewöhnlichen Hass der Gefangenen aufeinander, der von der Leitung angestachelt wurde und selbst Gleichgesinnte gegeneinander aufbrachte.

Die Belegung der Zelle änderte sich ständig, was im Gefängnisslang »umschütten« hieß: Leute wurden aus einer Gruppe in die nächste »umgeschüttet« wie Flüssigkeit aus einem Gefäß in ein anderes. Nachdem man gerade mal ein paar Tage in einer neuen Zelle verbracht hatte, konnte unvermittelt die Tür aufgehen und jemand brüllte deinen Familiennamen, gefolgt von: »Sachen packen und raus, etwas plötzlich!« Die Leitung machte das aus Prinzip so. Erstens kam man auf diese Weise gar nicht erst dazu, feste Bindungen zu den anderen in der Zelle zu knüpfen und sich zusammenzuschließen. Und zweitens wurde der Neuankömmling gewöhnlich in jeder Zelle schon von Leuten erwartet, die ihn hassten – entweder, weil er einmal geholfen hatte, die betreffenden Insassen zu verprügeln, oder weil sie ihn einmal verprügelt hatten.

Stellen Sie sich folgende Szene vor: Sie werden in eine Zelle mit fünfzehn Leuten verlegt, darunter drei sogenannte Zellenälteste, die vor kurzem noch den Fußboden mit Ihnen aufgewischt haben, als sie der Leitung nachts halfen, Sie über den Flur zu schleifen. Dann gibt es noch die Zuträger, die einen niedrigeren Rang einnehmen und hier überleben, indem sie andere denunzieren. Jedes Wort, das Sie in dieser engen, rund um die Uhr videoüberwachten Zelle sagen, dringt noch am selben Tag an das Ohr der Leitung, selbst wenn Sie mit jemandem sprechen, dem Sie vertrauen. Eine Zeit lang war in der »Isolation« sogar das Flüstern verboten: Wenn die Leute im Monitorraum sahen, dass jemand vertrauliche Gespräche führte, zoomten sie sofort heran und hörten aufmerksam zu. Und sobald der Kommandant merkte, dass man flüsterte, drohten einem brutale Prügel.

Unter solchen Bedingungen ist an einen irgendwie effektiven Widerstand nicht zu denken. Dabei spielt auch eine Rolle, dass die Gesamtzahl der Gefangenen in der »Isolation« zu jedem Zeitpunkt überschaubar war. Es gab nur acht Zellen, dazu kamen die Karzer, die »Suite« (eine enge Zweierzelle ohne Belüftung) und der Keller. Wenn man in letzterem die oberen Pritschen voll belegte, konnte das Gefängnis theoretisch bis zu achtzig Häftlinge fassen. Tatsächlich waren es selbst in den schlimmsten Zeiten, als sie eine Welle von Gefangenen nach der anderen in den Keller warfen, nie mehr als siebzig Leute – einschließlich der Frauen und des recht großen Anteils der Kellerinsassen, mit denen man nur über die »Kallis« kommunizieren konnte, die Kalfaktoren, die das Essen austrugen. Das waren immer die, die mit der Leitung auf gutem Fuß standen und nachts andere verprügelten. Die Häftlinge im Keller wurden weder zum Hofgang noch zur Arbeit herausgelassen. Doch selbst beim Arbeiten sonderte man die Insassen verschiedener Zellen möglichst voneinander ab und verbot ihnen, miteinander zu sprechen. Außerdem war ein guter Teil von ihnen immer erst kurz da; es gab vielleicht zwanzig Leute, die das System kannten und wussten, wie die Dinge liefen. Das führte paradoxerweise dazu, dass die Chance, sich zusammenzutun und einen gemeinsamen Nenner zu finden, umso größer war, je weniger Gefangene sich in der Zelle befanden. Letztlich gaben zwei, drei Leute den Ausschlag, die von der »Isolation« psychisch so aufgezehrt waren, dass sie in gewissem Sinn nichts mehr zu verlieren hatten.

Oft kam es vor, dass Leute, die an der Front ganz klar aufeinander geschossen hätten, sich an diesem Ort zusammentaten. Das Beispiel des ukrainischen Soldaten, der mit der Leitung kollaborierte, habe ich schon erwähnt. Aber auch den umgekehrten Fall habe ich erlebt. Ich saß damals gerade in einer Zelle, deren Ältester ein Hauptmann der »Republikanischen Garde« war. Einmal fragte ihn der Kommandant in volltrunkenem Zustand: »Warum liegt der Journalist hier noch nicht bellend unter der Pritsche?« Damit wies er ihn praktisch an, mich augenblicklich mit Fußtritten ebendort hinzubefördern. Der Zellenälteste überging das nicht nur, sondern lenkte das Gespräch mit Scherzen und Kriegsanekdoten sofort auf ein anderes Thema.

Wenn man seine Uniformabzeichen und meine Ansichten in Betracht zieht, gab es eigentlich keinen Grund für ihn, den Befehl nicht auszuführen – viele in den anderen Zellen hätten gar nicht erst lang auf einen Befehl gewartet. Als ich ihn am nächsten Tag dazu befragte, sagte er: »Diese Leute haben mir eine Elektrode in den Hintern geschoben und mich die ganze Woche über Nacht für Nacht langsam geröstet. Kaum war ich dann wieder halbwegs bei Sinnen, haben sie mich in eine Matratze gewickelt, aufgehängt und als Punchingball benutzt. Und jetzt tun sie, als ob nichts gewesen wäre und spielen ›Wir gegen die‹. Für sie ist vielleicht nichts weiter gewesen, aber ich habe das nicht vergessen. Ich habe nicht gekämpft, um mich so behandeln zu lassen, von den eigenen Leuten …« Das Bewusstsein dieses Mannes war völlig gebrochen, es war zersplittert wie Glas. Im Zentrum seiner Identität stand jetzt der Familiengedanke und nicht die Flagge, an die er nicht mehr glaubte.

Auch ich habe ihm einmal geholfen. Vor der abschließenden Gerichtsverhandlung wurde er aufgefordert, ein Schlusswort zu schreiben und bat mich, es für ihn zu formulieren. Die Situation suchte wohl ihresgleichen: Ein ukrainischer Journalist, der in sechs Punkten wegen »Leugnung der Souveränität der Republik« verurteilt worden war, sollte eine Liebeserklärung an ebendiese »Republik« verfassen, und zwar für einen Hauptmann, der ihr gedient und den Glauben an sie verloren hatte. Ich kann mich nicht mehr an den ganzen Text erinnern, doch der letzte Satz gelang mir besonders gut: »Euer Ehren! 2014 habe ich mich erhoben, um die Freiheit zu verteidigen, und jetzt bitte ich das Hohe Gericht, mich meiner Freiheit nicht zu berauben.«

Das alles wirkt vielleicht absurd (und ist es teilweise auch), aber in der »Isolation« gab es keine lineare Logik, kein »wenn A, dann B«. Es kam vor, dass sich Menschen hier innerhalb einer Woche innerlich völlig veränderten und äußerlich ergrauten.

Einmal hat unsere Zelle im Alleingang doch einen kleinen Aufstand riskiert. Wir hatten schon seit über einem Monat nichts auch nur halbwegs Annehmbares mehr zu essen bekommen. Brot gab es entweder gar nicht oder zwei hauchdünne Scheibchen für den ganzen Tag. Die »Hauptmahlzeit« bestand aus halbgarem, klebrigem Graupenbrei, den zu essen, abgesehen von seinem Geschmack und Geruch, ganz einfach gefährlich war. Als wir wieder einmal ein solches Abendbrot vorgesetzt bekamen und in der Kloschüssel entsorgten, wandte ich mich an einen Zellengenossen, einen ehemaligen Straftäter, der schon seit einem Jahr in der »Isolation« saß und sie nicht weniger hasste als ich, und schlug ihm vor, den Hungerstreik auszurufen. Wir sollten eine Erklärung aufsetzen und dabei auch gleich noch einmal fordern, ins Untersuchungsgefängnis verlegt zu werden, denn wir hatten damals beide schon unser Urteil erhalten und wurden selbst nach den lokalen »Gesetzen« widerrechtlich hier festgehalten. Er erwiderte, wenn schon, dann müsse die ganze Zelle mitmachen: Alle dreizehn Insassen müssten unterschreiben, sonst würden wir beide nur jeder für sich in den Keller gesteckt. Ich schlug vor, sie einzeln nach ihrer Meinung zu fragen, aber er erklärte entschieden, man müsse die meisten eben einfach zwingen.

»Wen willst du denn fragen, Stas?«, sagte er verächtlich. »Hier gibt es fünf Leute, die schon über ein Jahr sitzen. Denen ist klar, was abläuft und warum es Sinn hat, ein Risiko einzugehen. Die anderen sind erst seit ein, zwei Monaten hier und, wie die meisten in jedem Knast, eine ganz gewöhnliche Masse, der man einen Schubs geben muss. Meinst du, sie merken, wie viehisch es hier zugeht? Jeder glaubt doch, er ist spätestens morgen wieder draußen oder wird schlimmstenfalls ins

Untersuchungsgefängnis verlegt. Versuch denen mal zu erzählen, dass du darauf schon seit zwei Jahren wartest, dass du sogar schon dein Urteil gekriegt hast und immer noch hier sitzt. Dass du in Hungerstreik getreten bist, um in ein normales Gefängnis zu kommen. Dass Leute zweihundert Tage lang in Kellern versteckt werden. Wem willst du das erklären? Wir haben nur alle zusammen, durch unsere Zahl, eine Chance – notfalls mit Zwang, aber einen Versuch ist es wert: Zwei bis fünf Leute können sie brechen. Aber dreizehn auf einmal nicht.«

Wie auch immer: Wir fünf Alteingesessenen teilten den anderen Zellengenossen unsere Meinung mit. Und sie unterstützten uns, ob nun aus Angst vor meinem kriminellen Mitstreiter, der sie mit einer Schmährede überzog, oder aus Solidarität. Ich verfasste einen Text, den alle dreizehn Insassen unterschrieben, und zu meinem eigenen Erstaunen kam einige Tage darauf eine Kommission von der »Zentrale« zu uns, die jeden Unterzeichner einzeln vernahm. Als sie erfuhren, wer der Anstifter und Autor des Textes war, artete meine Vernehmung wieder einmal in ein Erniedrigungsritual aus, selbst die Tüte durfte ich nicht vom Kopf nehmen.

Die Insassen der Nachbarzellen, die sich bei der Leitung anbiederten, erklärten übrigens, für sie sei hier alles in Ordnung, obwohl sie genauso hungerten wie wir. Aber ein paar Wochen lang wurde das ganze Gefängnis mit Reis und Fischkonserven versorgt. Dann hörte das wieder auf, was nicht weiter verwunderlich war: Diesen Ort gab es ja offiziell gar nicht, also war auch niemand offiziell verpflichtet, die Gefangenen zu ernähren. Wichtig war etwas anderes: Wir hatten es zum ersten Mal geschafft, in der »Isolation« geschlossen aufzutreten – zumindest in unserer Zelle, weil niemand von uns mit der Leitung auf gutem Fuß stand. Aber über die Wände der eigenen Zelle hinaus konnten wir nichts ausrichten.

MOUSEVILLE: Schreiben trotz allem

»Gibt es etwas Sinnloseres, als in einem Keller Texte zu schreiben, die jeden Moment vor deinen Augen verbrannt werden können?« So lautete einer der wenigen Sätze, an die ich mich aus meinen Aufzeichnungen aus der Zeit im Keller erinnere. Anderthalb Jahre später wurden mir diese Aufzeichnungen abgenommen, und doch ließ das Schreiben mich auch hier nicht los.

Die ersten Zeilen notierte ich nach einem Monat, als ich ein wenig zu mir gekommen war und eine Art »Gewöhnung« an das Kellerleben einsetzte. Ich schrieb mit einem Bleistiftstummel auf eine Mappe, die vermutlich seit Urzeiten dort herumlag. Später sollte sich die Mappe mit Texten und Notizen füllen, die sich in meinem Kopf zu einem Roman formten. Ich muss gestehen, dass es mir leidtut um diese Texte, nicht nur, weil sie für mich zu einer Art Bibel wurden, in ihrer Exaltiertheit und fast schon poetischen Form – wobei ich im Keller nie Gedichte geschrieben habe –, sondern auch, weil ich ja schließlich die Kraft gefunden hatte, den kleinen Bleistift aufzuheben und zu schreiben, trotz des üblen Geruchs, den ich an mir wahrnahm, trotz der Taubheit in den Fingern nach der Folter, trotz Hunger, Urinflaschen und Selbstmordgedanken. Das machte für mich den Wert dieser Seiten aus, die mich durch den Keller und die meiste Zeit in der »Isolation« begleitet hatten, bevor man sie bei einer Durchsuchung fand und mir demonstrativ abnahm.

Darüber hinaus ist das Schreiben in Gefangenschaft eine äußerst wirkungsvolle Therapie, ähnlich wie Sport. Auf dem Papier konnte die Flut der Gefühle, die mich überwältigten, Gestalt annehmen – die Angst, die Beklemmung und Ausweglosigkeit, die die anderen Gefangenen von innen zerfraßen wie Rost. Mehr als einmal habe ich Selbstmordgedanken in Text verwandelt, indem ich minutiös beschrieb und analysierte, was ich durchlitt. Eine bekannte Methode auch in Freiheit, aber in der prekären Situation der Gefangenschaft war sie für mich wertvoller denn je. Wichtig dabei war auch die Verwandlung der Zeit: Im Keller kann einem eine Stunde wie ein Monat vorkommen, die Zeit wird hier durch Schock und Leid gebrochen, wie ein Sonnenstrahl an einer Fensterscheibe. Allein der Gedanke, dass die Zeit im Keller vielleicht niemals endet, diese absolute Perspektivlosigkeit, kann einen in eine tiefe Depression stürzen. Selbst wenn man diesen Gedanken einfach nur aufschreibt, bedeutet das bereits einen Sieg: den Gedanken einzufangen, ihn zwanzig oder dreißig Minuten lang auf dem Papier zu entfalten, von Gefühlen befreit, und mit Worten als einem greifbaren Ziel vor Augen.

Ich hatte immer das Gefühl, dass sie mir gleich alles abnehmen und sogar die Mappe verbieten würden, und

eines Nachts kam tatsächlich ein Wärter zu mir in den Keller, um zu lesen, was ich seit einer Stunde geschrieben hatte. Schweigend, ohne ein Wort: die Tür ging auf, jemand zeigte auf die Wand, was bedeutete, dass ich zurücktreten und mich mit dem Gesicht zur Wand drehen musste. Daraufhin nahm der Aufseher meine Texte und ging nach einer Minute damit wieder hinaus, wortlos, wie er gekommen war, ohne eine Seite anzurühren. Ich nahm meinen Stift wieder zur Hand und schrieb fast bis zum Morgen.

Sollte ich denken, dass alle meine Anstrengungen umsonst waren, weil sie mir alles weggenommen haben? Auf keinen Fall. Seit ich mich in der »Isolation« befand und begriffen hatte, was das für ein Ort war, wiederholte ich, statt zu beten, fast jede Nacht das Geschriebene. Mehr noch, ich lernte die Texte auswendig, während ich stundenlang zwischen den Pritschen hin- und herlief. Manchmal »schrieb« ich auf diese Weise, ohne Text zu Papier zu bringen. Ein paar meiner Mitgefangenen, die noch nicht lange in der »Isolation« waren, dachten in solchen Momenten, ich hätte bereits den Verstand verloren. Auch wenn sie erfuhren, dass ich Schriftsteller und Journalist war und nicht einfach irgendetwas vor mich hinmurmelte, sondern wiederholte, was ich zu einem früheren Zeitpunkt im Keller geschrieben hatte, ließ mich das in ihren noch gesunden Augen nur umso verrückter erscheinen. Tatsächlich denkt ein Neuankömmling in der »Isolation« an seine Angehörigen, an Folter, an eine Zahnbürste oder ein Stückchen Seife, das für uns pures Gold war. Er denkt an alles Mögliche, aber nicht daran, irgendwelche Texte zu schreiben, geschweige denn sie stundenlang wie ein Gebet vor sich hinzumurmeln. Und ich konnte ihnen in diesem Moment nichts entgegensetzen: Ich schaute in ihre bleichen, ausgezehrten Gesichter, und mir war klar, wie das von außen aussehen musste. Heute kann ich zu meiner »Verteidigung« sagen, dass das, was ich in der »Isolation« geschrieben habe, in Gestalt einiger Kapitel in dieses Buch eingegangen ist, die ich später aus dem Gedächtnis rekonstruieren konnte.

Die meisten der Texte aus dem Keller sind leider verloren gegangen. Ich denke aber, nicht für immer. Einen Monat nach der Durchsuchung reichte ich beim Abendessen meinen Teller durch die Futterklappe und hörte von der anderen Seite … Sätze, die ich selbst geschrieben hatte. Neben dem Häftling, der das Essen austeilte, stand der Aufseher, der meine Manuskripte beschlagnahmt hatte – und nun zitierte er sie spöttisch, während mir der Gefängnisfraß aufgefüllt wurde. Als ich ihn darauf hinwies, dass es im Text ein wenig anders lautete, sagte er: »Ach ja? Mag sein, ich werde heute nachschauen und dir morgen genau sagen, was dort steht.« Mit anderen Worten: Dieses schimmelige Gekrakel, das außer mir niemand brauchte, wurde nicht nur aufmerksam gelesen, sondern zu einem mir noch unklaren Zweck aufbewahrt. Es würde mich nicht wundern, wenn dieser Mann eines Tages versuchen würde, mir meine eigenen Werke zu verkaufen.

Jedenfalls erinnere ich mich aus diesen düsteren Aufzeichnungen nur an ein paar Absätze aus dem ersten Kapitel. Die Mappe trug meine Unterschrift und den Titel »Mouseville. Ein Roman«. Der Titel war aus einem Gespräch mit jenem dem Leser bereits bekannten russischen Gefangenen entstanden, der uns mit Kellerratten verglichen hatte, die man in kleinen Käfigen hält. Ich fragte ihn, ob er den Film »The Green Mile« gesehen habe und sich an »Mouseville« erinnere.

»Klar erinnere ich mich«, ertönte seine düstere Stimme hinter der Wand. »Nur war es dort ein Mäuseparadies und nicht die Hölle, wie bei uns.«

Ich möchte Ihnen ein paar Fragmente aus diesen Aufzeichnungen vorstellen, an die ich mich erinnere. Es waren die ersten Zeilen, die ich in Gefangenschaft schrieb:

Wir sind alle Labormäuse. Man füttert uns, verabreicht uns Stromschläge, ab und zu führt man uns zum Baden. Der Weg nach Mouseville – in den Keller des »MGB DNR« (Ministeriums für Staatssicherheit der »Donezker Volksrepublik«) – verläuft für jeden anders: Ich war insgesamt drei Jahre dorthin unterwegs. Aber als die Handschellen im Zentrum von Donezk zuschnappten, bestätigte sich mir nur der »gute« alte Gedanke: Manchmal denkst du, alles sei in Ordnung, dabei schaufelt irgendwer bereits dein Grab.

Wie alle Nagetiere lieben auch wir den Zucker. Hier »im Keller« ist er von besonderem Wert. Genau wie unsere Erinnerung. Sie ist alles, was wir noch haben: die Sonne, Menschen, Bäume – alles hat sich in eine versteinerte Landschaft verwandelt.

Auch ich bin ein solches Tier, in das sie uns alle verwandelt haben, auch wenn ich vielleicht ein klein wenig höher stehe als andere Nagetiere, da ich nicht nur saure Suppe aus dem Napf schlecken kann, sondern die Zeit in Buchstaben verwandle, die möglicherweise niemand braucht. Die vielleicht nie jemand lesen wird. Aber ich schreibe, und das ist das Einzige, was mir bleibt, wenn sich die Nacht über Mouseville senkt.

Gott hinter Gittern

Religion spielt in Gefangenschaft immer eine große Rolle. Schon in den ersten Tagen im Keller hörte ich die langen orthodoxen Gebete meines Nachbarn durch die Wand, was meine Nerven, offen gestanden, sehr strapazierte. Zu dieser Zeit glaubte ich noch an Gott, aber seine Gebete klangen so trostlos, dass ich mich in Verbindung mit dem violetten Kerkerlicht wie lebendig begraben fühlte. Daher bat ich meinen Nachbarn, nach Möglichkeit still zu beten oder zumindest etwas leiser. Erstaunlicherweise kam mir meine philosophische Bildung sogar hier zugute:

Um mich abzulenken und die Anspannung ein wenig zu lösen, kratzte ich mühsam mein verstreutes Universitätswissen zusammen und hielt meinen Mitgefangenen einige Nächte hintereinander Vorträge über Satanismus, Buddhismus und Okkultismus. Einer von ihnen lernte auf diese Weise sogar das Glaubensbekenntnis und bedauerte aufrichtig, dass er es als orthodoxer Christ bisher nicht gekannt hatte.

In der »Isolation« fand ich einen ganzen Strauß von Religionen vor, besonders während meiner Zeit im Keller. Gegen Abend bot sich folgendes Bild: In der hintersten Ecke beteten die Orthodoxen, in der Mitte des Raumes versammelte ein junger Protestant alle Gläubigen um sich, die dafür empfänglich waren, und sprach ein freies Gebet, und dann war da noch ein Muslim, der ständig fragte, ob eine bestimmte Wand tatsächlich nach Süden zeige, um das Namaz beten zu können. Mit letzterem gab es im Keller Probleme, da er vor jedem Gebet eine Waschung vollzog – mit dem Wasser, das für uns von unschätzbarem Wert war. Wir verfügten zu zehnt über 60 Liter Wasser pro Woche, und der Leitung war es völlig egal, ob wir das Wasser tranken oder es uns fünfmal am Tag über die Füße kippten.

Später, als man mich schon nach oben in eine normale Zelle verlegt hatte, begegnete ich Kriminellen, für die die Religion einen ebenso wichtigen Platz im Leben einnahm wie ihr »Kodex«. Interessanterweise beteten diese Menschen von morgens bis abends zu irgendwelchen Heiligen und hassten zugleich die ukrainische Regierung wegen der Juden, die dort angeblich alle Schlüsselpositionen besetzten. Als ich versuchte herauszufinden, was ihnen die Juden getan hatten, stellte sich heraus, dass keiner von ihnen jemals persönliche Bekanntschaft mit einem Juden gemacht hatte. Und als sie hörten, dass Jesus und die Apostel selbst Juden waren und das Kreuzzeichen vor der Ikone des heiligen Petrus so gesehen etwas ziemlich Seltsames hatte, waren sie völlig perplex.

Dasselbe galt für das örtliche Militär: Nie sind mir so viele Antisemiten begegnet wie unter den so genannten »Antifaschisten«. Ich erinnere mich, wie ich einmal einem Hauptmann, mit dem ich ansonsten gut auskam, erzählte, dass die Frau, die ich liebte, jüdisch sei und ich Antisemiten daher ebenso hasste wie diese die Juden. Und dass allein der Gedanke an diese Frau mich davon abhielt, mir hier die Kehle durchzuschneiden. Und überhaupt, wenn wir schon mit seinen »Volksrepublik«-Abzeichen und meinen proukrainischen Ansichten in einer Zelle miteinander zurechtkämen, es sich nicht lohne, dieses empfindliche Gleichgewicht mit Gesprächen über Juden zu zerstören, denen er in seinem Leben noch nie begegnet war.

Was mich selbst betrifft, so erinnere ich mich gut an die Nacht, in der ich aufhörte, an Gott zu glauben. Es war im Herbst 2017, ich lag auf der oberen Pritsche in Zelle vier der »Isolation« und versuchte zu schlafen. Ich lag mit dem Gesicht zur Wand, es war lange nach dem Signal zur Nachtruhe, und ich hörte schon seit über zwei Stunden, wie im Monitorraum neben uns jemand gefoltert wurde. Es klang, als würden sie mit einem speziellen Schlauch auf seine Genitalien einschlagen und dabei immer wieder nach irgendwelchen Briefen fragen: ein Klatschen, ein Aufschrei, eine Frage – und wieder das Klatschen. Und so ging es schon seit Stunden. Mein Kopf hämmerte, an Schlaf war nicht zu denken. Nicht nur wegen der Schreie, an die man sich mit der Zeit gewöhnt, sondern weil nicht klar war, ob sie danach ihre Wut nicht auch an uns auslassen würden. Ich kann nicht sagen, dass in dieser Nacht irgendetwas Besonderes geschah. Ich war zu diesem Zeitpunkt schon mehr als drei Monate in der »Isolation«, und fast jeden Tag hatte jemand geschrien. Aber aus irgendeinem Grund dachte ich gerade in dieser Nacht, dass es mir reichte.

Bis dahin hatte ich, seit ich klein war, regelmäßig vor dem Einschlafen gebetet. Seit zwanzig Jahren hatte ich das Gebet nur ein einziges Mal ausgelassen – an dem Tag, als ich verhaftet wurde und sie mich nach der Folter direkt in den Keller warfen. Seit der Schulzeit trug ich ein kleines Holzkreuz um den Hals, so auch in dieser Nacht. Da durchfuhr mich plötzlich der Gedanke: Wenn Gott allgegenwärtig war, dann stand er jetzt auch im »Monitorraum« neben dem armen Kerl und schaute zu, wie sie mit einem Lächeln im Gesicht Leute folterten. Jeden Tag Tränen, Schreie, Qualen, an diesem Ort gab es kein Fünkchen Liebe. Ich war 28, und meine Hände zitterten wie bei einem Greis, und viele um mich herum hatten innerhalb eines Monats graue Haare bekommen. Wenn es einen Gott gab, dann war er entweder sehr grausam, oder er kam hier nicht vorbei und die Adresse »Heller Weg 3« war ihm unbekannt.

Naive Gedanken, ich weiß. Insbesondere nach fünf Jahren Studium von Kant und Hegel, der Theodizee und des Buchs Hiob, der wegen eines Streits zwischen Gott und einer »gewissen Kreatur« alles verlor. Als Hiob den Mut fasste zu fragen: »Wie kann das sein?«, bekam er zur Antwort: »Wer bist du, dass du das fragst?« Aber es geht hier nicht um die Theorie. Was zählt, sind die Tapetenfetzen an der Wand, das schummrige Licht, das Schreien und Stöhnen. Das hatte letztlich mehr Gewicht als die gesamte Ontologie Kants. An irgendeinem Punkt bricht alles zusammen, und es bleibt nichts zurück außer diesen Wänden und der reinen, blanken Gewalt. Wenn man sich die Hand verbrennt, kann man noch so viele Abhandlungen schreiben darüber, was eine Blase ist, der Schmerz wird deswegen nicht vergehen.

Wahrscheinlich ist der Schmerz auch der Spiegel meines Atheismus. Irgendwo in der Tiefe meines Herzens hoffe ich, dass Gott doch existiert. Ich wünschte, es gäbe ihn und er würde ehrlich zugeben, dass er in dieser Nacht neben diesem jungen Mann stand, und neben mir, genauso wie in allen anderen 960 Tagen meiner Gefangenschaft. Und ich wünschte, er würde mir sagen, dass all dies so sein musste. Warum? – »Das kannst du nicht verstehen.« Das wäre so menschlich, aber gleichzeitig auch zu einfach. Dieses Rohr hielten weder Gott noch der Teufel in der Hand, es war ein Mensch, und wir selbst sind es, die uns so etwas antun.

Als ich meinen letzten Monat in der »Isolation« absaß, bemerkte ich, dass die üblichen Versuche meiner Zellengenossen, die Geschehnisse zu erklären, ein pathologisches Stadium erreicht hatten: ein versehentlich berührter Löffel oder ein heruntergefallenes Stück Seife wurden plötzlich zu »Zeichen des Himmels«. Besonders heftig war es mit den Spinnen. Die Spinne ist in der klassischen Gefängniskultur der postsowjetischen Welt der »Herr der Hütte«, sprich der Zelle. Eine Spinne darf man weder töten noch ihr zu nahekommen. Weiße Spinnen sind verheißungsvoller als schwarze, vor allem, wenn sie in Richtung Tür krabbeln oder sich auf dir niederlassen. Da wir damals einen Zellengenossen hatten, der insgesamt mehr als zwanzig Jahre verbüßt hatte und somit über beträchtliche Gefängniserfahrung verfügte, erreichte die Hysterie um Spinnen, heruntergefallene Löffel oder Spritzer aus dem Wasserhahn, die versehentlich jemanden getroffen hatten, ihren Höhepunkt: Fast alle glaubten daran, und es verging kein Tag, an dem wir nicht darauf warteten, dass »heute« etwas passierte. Aber der Trick bestand darin, dass dieses »heute« auf morgen vertagt wurde, aber morgen geschah auch nichts, und dann warteten wir wieder. Dafür war die Euphorie groß, wenn sich, eine Stunde nachdem sich eine Spinne von der Decke abgelassen hatte, die Tür öffnete und sie jemanden in die »Zentrale« riefen, was sowieso eines der wenigen Ereignisse war, die innerhalb dieser Mauern eintreten konnten, auch ohne Spinnen.

Anfänglich ärgerte ich mich darüber. Ich konnte nicht verstehen, wie Menschen mit einer so ungeheuren Lebenserfahrung, die ihr ganzes Leben lang mit Raubüberfällen, Leichen, Krieg, Verrat und Zynismus zu tun gehabt hatten, stundenlang eine Spinne betrachten und zärtliche Gefühle für sie hegen konnten. Und damit nicht genug: Fast alle beteten von morgens bis abends, was so gar nicht zur Mystik eines heruntergefallenen Löffels oder verschütteten Tschifirs passte. Aber später verstand ich: Aus psychologischer Sicht war es ein und dasselbe. Es ging ihnen deutlich besser, wenn sie glaubten, der heruntergefallene Löffel würde heute irgendetwas ändern. Vielleicht würde sich die Tür öffnen und sie würden von hier fortgebracht, und sei es für eine Stunde. Und mit ein bisschen Glück würden sie auf dem Weg zur »Zentrale« sogar einen Baum sehen oder einen Teil der Stadt, lebendige, echte Menschen, die nicht von ihrer Angst gefesselt waren. Solche Schlucke frischen Lebens, wenn ich durch den Türspalt eines Gefangenentransporters einen Blick auf die Blätter der Bäume oder ein Hochhaus erhaschte, reichten mir fast für einen ganzen Tag. Die Vorzeichen gaben ihnen einen Hoffnungsschimmer, überzeugten sie davon, dass alles von oben gelenkt wurde, dass ihr Leiden und all das nicht umsonst war …

An irgendeinem Punkt wurde mir klar, dass ich nicht das Recht hatte, sie davon abzubringen. Auch wenn es mir schwerfiel, zuzugucken und zu wissen, dass sich die Tür heute wieder nicht öffnen würde und der vergossene Tschifir einfach nur Tee war. Einmal hatte ich das Gefühl, als hätte sich die Zelle in eine Klapsmühle verwandelt, in der keiner die anderen aus den Augen ließ, so als würden sie Orakelknochen lesen. Und doch ist jede Art von Sinn ein Schlüssel zur Freiheit. Es spielt keine Rolle, woran man glaubt an diesem Ort, an dem der Glaube das Einzige ist, was einem bleibt. Früher hatte ich vor dem Einschlafen ein kleines Kreuz geküsst, jetzt war es eine Fotografie: Ich konnte sie stundenlang ansehen. Unterschied ich mich darin sehr von jenem Knastbruder, der mit einem Gebetbuch und einem alten Heiligenbild in der Zelle auf und ab ging und dabei noch einen Blick auf die Spinne warf? Würde man ihm die Ikone wegnehmen und mir die Fotografie, das Ergebnis wäre dasselbe: Leere. »Ihr seid das Salz der Erde. Wenn nun das Salz kraftlos wird, womit soll man's salzen?« Ein fades Leben, ein Leben ohne jeglichen Sinn, richtet einen schneller zugrunde als elektrischer Strom.

Das war der Grund, warum sich die Religiosität in der »Isolation« nicht nur auf Ikonen beschränkte. Ich erinnere mich, wie sie einmal einem Mann einen Fetzen Papier von seiner geliebten Frau aushändigten. Einen kleinen Zettel mit Worten der Ermutigung, die er ohne seine Brille nicht einmal lesen konnte. Allein am ersten Abend las ich ihm die drei Sätze ein Dutzend Mal vor. Dazu hatte sich seine Gattin einfallen lassen, sich die Lippen zu schminken und sie mehrfach auf das Papier zu drücken, so als würde sie ihm einen Kuss hinterlassen. Was geschieht mit einem Menschen, wenn er an einem Ort wie diesem eine solche scheinbare Kleinigkeit erhält? Nichts konnte ihm mehr etwas anhaben: Er blühte förmlich auf, wenn er den Zettel betrachtete und ihre Worte hörte. Kein Gebet und keine Ikone konnten eine solche Wirkung erzielen. Ich wiederholte selbst hunderte Male in Gedanken die Worte meiner Liebsten, die mir meine Mutter bei den seltenen Besuchsterminen überbracht hatte: Ich studierte jedes Komma, stellte mir ihren Tonfall vor und ihr Gesicht, während sie diese Worte an mich geschrieben hatte. Natürlich spielte sich das alles nur in meiner Vorstellung ab, da sie mir irgendwann verboten, bei den Treffen Briefe entgegenzunehmen, und diejenigen Briefe, die man besitzt, werden einem in der »Isolation« abgenommen. Und doch konnte ich mir stundenlang jedes einzelne Wort ins Gedächtnis rufen. Wenn man unter Religion Sinnerfülltheit versteht, dann war die paradiesische Vorstellung eines zukünftigen Treffens das Einzige, was mich am Leben hielt.

Humor in Gefangenschaft

Es mag verwundern, aber für den Humor in der »Isolation« waren vor allem die Gefängniserfahrenen zuständig, wenn es sie gab. Humor ist in der klassischen Gefängniskultur nicht nur eine der wichtigsten Facetten im Leben eines Gefangenen. Es ist buchstäblich der Rettungsring, den ein Häftling dem anderen zuwirft, wenn er sieht, dass es ihm schlecht geht. Und je härter die Haftbedingungen, desto mehr Humor wird man antreffen, so dass die »Spezis« (ehemalige Häftlinge aus dem strengen Vollzug), mit denen ich zu verschiedenen Zeiten in der »Isolation« eine Zelle teilte, diese Tradition auch in unsere Welt brachten.

Ich erinnere mich, wie einmal ein Dagestaner, der bereits Gefängniserfahrung in Russland gesammelt hatte, in unsere Zelle kam. In den ersten Minuten unserer Bekanntschaft, in denen er einen Witz nach dem anderen riss, fragte er uns plötzlich: »Warum seht ihr alle aus wie lebendig begraben? Ohne Humor geht es nicht. Wie wollt ihr denn eure Zeit hier absitzen?« Natürlich war er aus einem normalen Gefängnis zu uns verlegt worden, und nach einer Woche war sein Optimismus bereits deutlich getrübt. Und doch hatte er Folter und Karzer durchgestanden, wo sie ihn fast zwei Wochen an das Gefängnisgitter gekettet hatten, bevor er in unsere Zelle kam. Ich habe Dutzende Menschen gesehen, normale Zivilisten, die nach so etwas eine Woche lang kein Wort sprechen konnten: Sie zogen sich in sich zurück, verängstigt, gedemütigt, und träumten von ihren Angehörigen ... Ihre Reaktion war vorhersehbar und völlig verständlich, wenn man bedachte, was sie gerade durchgemacht hatten. Aber die Knasterfahrenen erkannte man fast immer an einer Art morbidem Humor, und dieser Humor war bei ihm besonders ausgeprägt. Auch die Art des Humors war bei Gefangenen mit Hafterfahrung schon sehr anders als bei uns »Politischen« – ich würde sagen, dass wir in diesem Sinne kränker waren.

Ich erinnere mich zum Beispiel, wie sie im Juli einen Mann zu uns in den Keller brachten. Er trug kurze Jeans, die zwischen den Beinen völlig nass waren. Unter der Folter hatte er eingenässt. Das passierte vielen, denen man Drähte am Geschlecht befestigte. Sofort begrüßte ihn jemand mit einem Lächeln und fragte: »Einmal Föhnen?«, und das, obwohl er mindestens dasselbe durchgemacht hatte wie der Neuling. Es ist erstaunlich, aber wenn man sieht, dass es jemand anderem schlechter geht als einem selbst, verschafft das oftmals Erleichterung. So lässt sich auch der grausame Sarkasmus erklären und der Umstand, dass man im Laufe eines Tages in der Zelle Witze hören konnte wie: »Wer braucht dich schon, warum sollten sie dich entlassen? Sitz deine zwanzig Jahre ab und du bist ein freier

Mann. Mit sechzig fängt das Leben erst an.« Natürlich waren solche Worte für den Adressaten sehr deprimierend, und er versuchte auf der Stelle, in den Schwachstellen seines Gegenübers geistige Katharsis zu finden und ihn seinerseits auf den Boden der Verzweiflung und Hoffnungslosigkeit zu ziehen. All dies geschah wie nebenbei, mit einem gequälten Lächeln auf dem Gesicht, aber die Häufigkeit dieser täglichen Sätze zeigte, wie sehr die Menschen in Wirklichkeit litten und ihre Gefühle nicht mehr unter Verschluss halten konnten.

Ähnliches geschah auch bei Arbeitseinsätzen. Als Palytsch noch Kommandant der »Isolation« war, stieß er mit Vorliebe die Tür auf, versetzte dem Erstbesten, der ihm in die Quere kam oder nicht rechtzeitig seine Plastiktüte über den Kopf gezogen hatte, einen Schlag in den Rücken oder in die Nieren und rief mit seinem üblichen Humor: »An die Arbeit, Dreckskerle!« Nachdem er fort war, bestand der Aufruf zur Arbeit aus einem einfachen Schlag mit der Faust oder dem Gewehrkolben gegen die Eisentür und dem Ruf: »Macht euch bereit!« Aber aus alter Gewohnheit sagte dann immer irgendwer in der Zelle: »Arbejten[1], Dreckskerle!«, und entlockte uns damit ein Lächeln. Den Wärter mit einem SS-Offizier und die »Isolation« mit einem KZ zu vergleichen, half uns, all die Schrecken zu ertragen,

1 Deutsch im Original

die sich hier abspielten. Denn genau diese Momente des »Isolations-Humors« erhoben uns über unsere Peiniger.

Das Ganze hatte jedoch auch eine Kehrseite. Da ich der Einzige war, der nicht zu irgendwelchen Arbeiten aus der Zelle geholt wurde, erzählten die anderen mir oft »lustige« Geschichten, die ihnen während der Arbeit auf dem Werksgelände widerfahren waren. Und in diesen Momenten konnte ich sie überhaupt nicht mehr verstehen. Sie fanden es lustig, dass ebenjener Palytsch einen der »Herabgesetzten« auf einem riesigen Stapel Süßwaren, den die Gefangenen auspackten und in Transporter verluden, fast totgeprügelt hätte. Oder dass ein Gefangener einmal die ganze abgelaufene Schokolade an den Kopf bekam, eine Geschichte die noch tagelang für Unterhaltung sorgte.

In solchen Momenten hatte ich das Gefühl, dass diese Menschen völlig vergaßen, an was für einem schrecklichen Ort sie sich befanden, und dass diese Art von Lachen zum Szenario der Wachmannschaft gehörte, die sie mit einem ebensolchen Lächeln schon heute Nacht unter ihre Pritschen prügeln würde, während sie sich tagsüber »gutmütig« gab. Als ich meine Zellengenossen fragte, ob sie sich im Klaren darüber seien, dass man sie zu Sklaven gemacht hatte, die man hungern ließ, während man ihre Hände zum Schneiden von Metall und Tragen von Granaten und Reifen benutzte, und dieselben Leute sie noch vor kurzem gefoltert hatten, bekam ich zur Antwort, es sei besser, dies hin und wieder zu vergessen, als den ganzen Tag niedergedrückt zu sein.

Auch diese Frage sorgte immer wieder für Konflikte, da es unter uns Gefangene gab, die sich freiwillig zur Arbeit meldeten und es nicht aushielten, rund um die Uhr in der Zelle zu sitzen. Egal, wie schlecht man sie auf der »Baustelle« oder beim Bau des Übungsplatzes behandelte, bei der Arbeit im Freien ging es ihnen besser, als wenn sie den ganzen Tag eingesperrt waren und ständig daran dachten, dass auch dieses Jahr kein Ende in Sicht war. Ich gehörte in diesen Fällen immer zu den wenigen, die gegen die freiwillige Arbeit für die Leitung waren, aber nicht aus politischen oder ideologischen Gründen. Ich konnte verstehen, warum sich die Leute für die Arbeit entschieden: Wenn sie morgens rausgingen und oftmals erst nach dem Signal zur Nachtruhe zurückkamen, waren sie so erschöpft, dass sie es kaum noch zu ihren Pritschen schafften und auf der Stelle einschliefen. Und am nächsten Tag begann alles von vorn. Auf diese Weise verging der Tag fast unbemerkt, während sich für uns, die wir zurückblieben, jede Minute wie eine Stunde hinzog. Außerdem hörte man an einem Tag so viel Schreien und Stöhnen, wenn sie jemanden zum Foltern holten, dass unsere seelische Verfassung innerhalb weniger Stunden buchstäblich zerrüttet war. Hinzu kommt, dass es – abgesehen vom Hofgang – nur bei der Arbeit erlaubt war, zu rauchen,

während es in der Zelle (im Gegensatz zu anderen normalen Gefängnissen) streng verboten war. Für viele war schon das Grund genug, um sich freiwillig als Lastenträger zu melden.

Doch für mich wogen Folter und Erniedrigung immer schwerer als diese kleine Atempause. Irgendwann konnte ich sogar die Stimmen der Wachmannschaft nicht mehr ertragen, ohne dass Wut und Hass in mir aufstiegen, ich konnte den Ort nicht ertragen und schon gar nicht, diese Leute jeden Tag sehen und hören zu müssen und ihnen als Antwort zuzulächeln. Sobald in der Zelle einer auftauchte, der schon früher gesessen hatte, wurde die Frage nach der freiwilligen Arbeit für die Leitung noch strenger verhandelt: Nach dem »Kodex« galt sie als schwerer Verstoß. Einmal sagte mir einer der »alten Hasen«:

»Ich habe es nie verstanden, wenn uns die Alten in der Zelle auslachten und fragten: ›Seid ihr Knastbrüder oder Kriegsgefangene?‹ Aber jetzt verstehe ich: Schau sie dir an, sie können es gar nicht erwarten, zu arbeiten. Ein Knastbruder würde nie etwas tun, was nicht entweder ihm oder der Zelle irgendeinen Nutzen bringt. Wenn ich arbeite, klaue ich immer eine Dose Fleisch, eine Zwiebel, irgendwas. Aber sie arbeiten für eine Schüssel verdorbenen Brei und stehen noch Schlange dafür. Ein guter Fang: reparieren umsonst Autos, tragen Reifen, füttern die Schweine – und die Weiber kochen und lutschen ihnen nachts die Schwänze. Aber wem soll ich das hier erklären? Kriegsgefangene, wie bei den Nazis.«

Es gab drei Verhaltensmodelle, je nach Lebenseinstellung. Da waren zunächst die einfachen Zivilisten, denen das Los zugefallen war, für die Leitung zu arbeiten und deren Befehle auszuführen. Die zweite Gruppe bestand aus ebensolchen Zivilisten, die in einer solchen Arbeit zumindest irgendeinen Vorteil sahen, eine Erleichterung von der psychischen Anspannung des Tages. Die dritte Gruppe waren die Gefängniserfahrenen, die immer noch versuchten, die Geschehnisse am Gefängniskodex zu messen und letztendlich einfach aufgaben. Aber in jeder Gruppe gab es Raum für Humor, wenn die Worte »Sklavenhalter« und »Sklave« ihren dunklen Sarkasmus entfalteten.

Die erfahrenen Knastbrüder hatten jedoch ihren ganz eigenen Humor. Eines der wichtigsten Elemente war die obszöne Sprache. Alles drehte sich um Sex und Genitalien, aber sie vermochten es, diese Worte in einem solchen Tonfall und so treffend zu verwenden, dass wir uns tatsächlich oft ihretwegen die Bäuche hielten. Außerdem konnte man keinen von ihnen wirklich kränken, da jeder »Spezi« diesen kulturellen Code bereits verinnerlicht hatte. Beispielsweise war es im besonderen Vollzug noch aus Sowjetzeiten üblich, sich gegenseitig »Wasja« zu nennen. Die Anrede »Hör zu, Wasja« war völlig normal, niemand störte sich daran, auch wenn die Person vielleicht völlig anders hieß. So sollte verhindert werden, dass die Leitung verstand, wer mit wem sprach, wenn die Gefangenen zwischen den Zellen kommunizierten. Außerdem wurde der Name auch in Gegenwart von Fremden verwendet oder von Menschen, denen man nicht vertraute.

In der »Isolation« konnte eine solche Anrede hin und wieder zu Konflikten führen, weil der normale Zivilist, wenn er mit »Wasja« angesprochen wurde, dies als Spott empfand, so dass die früheren Häftlinge auch hier irgendwann aufgaben. Sie waren in der Minderheit und verstanden, dass die Normen des Gefängnislebens, die man ihnen beigebracht hatte, an diesem Ort nicht galten, und so versuchten sie einfach zu überleben, wie alle anderen auch.

Als weiteres Beispiel für den Humor der »Spezis« kann ich einen von ihnen zitieren, der fast täglich zu seinem Pritschennachbarn sagte: »Hör mal, kannst du nicht mal kurz von der Bühne abtreten? So ohne viel Aufhebens, wenigstens bis morgen? Ich kann deine Fresse nicht mehr sehen.« Oder in Richtung eines anderen Zellengenossen, der gerade dabei war, sich von einer Krankheit zu erholen und seinen Teller für das Abendessen durch die Futterklappe schob: »Hey, wohin schlürfst du das Zeug eigentlich? Hast du dich mal im Spiegel gesehen? Dir bleiben eh nur noch ein paar Tage, wenn's hoch kommt… Überlass das Essen denen, die noch aufrecht stehen, auf dem Rücken liegen kann man auch so.« Ich weiß nicht, was für einen

Eindruck man erhält, wenn man so etwas liest, aber ich kann Ihnen versichern, dass all diese Worte im rechten Moment fielen und so wohlwollend waren, dass sie immer auch diejenigen aufheiterten, an die sie gerichtet waren. Letztlich entwickelten alle Insassen der »Isolation« einen eigenen, ganz besonderen Humor, den vermutlich nur wir verstanden. Vieles entstand aus einer einmal ironisch hingeworfenen Bemerkung. So bat ein russischer Staatsbürger zum Beispiel einmal die Leitung, ein offizielles Auskunftsersuchen an die Russische Föderation zu schicken, woraufhin er die knappe Antwort erhielt: »Wir sind nicht anerkannt. Wir können niemanden um Auskunft ersuchen.«

Nach einer Weile, in der er schweigend in der Zelle auf und ab lief, blieb er plötzlich stehen und sagte: »Nicht anerkannt ... Sagt doch gleich: Nach den Gesetzen von Simbabwe des Stammes Lumumba wird XY zur Verbrennung auf dem Scheiterhaufen verurteilt.« Von da an sahen wir in der Gefängnisleitung und dem gesamten »Ministerium für Staatssicherheit« einen wilden Stamm, der mit Speeren statt mit Gewehren herumlief und Menschen folterte.

Es gab auch eine Zeit, in der wir überhaupt nichts zu essen bekamen – in der »Isolation« war das Essen ausgegangen, und nach ein paar Tagen verschwand sogar das Brot. Auf das hungrige Murren eines unserer Zellengenossen hin scherzte einer von uns: »Hör auf zu jammern. Pass auf, gleich fangen sie einen Tiger und lassen dich zuerst probieren, denn was macht es für dich schon für einen Unterschied? Du gehst sowieso drauf. Wir lassen dir den Vortritt.« Oder zum Beispiel: »Wozu willst du hier raus, wenn du dann im Restaurant eh wieder Tschifir bestellst?« Einer schlug sogar vor, nach der Freilassung unter dem Namen »Isolation« ein Café zu eröffnen. Es sollte sich in einem Keller befinden, und die Kellner würden Sturmhauben und Tarnkleidung tragen und für die Besucher an die Eisentüren schlagen und rufen: »Schneller, Dreckskerle!«

Dinge, die nur wir verstanden und die uns halfen, auch an hungrigen Tagen zu überleben. An einem dieser Tage reichte mir derselbe »Spezi« sein aufgespartes Stück Brot – das letzte, was er hatte. Er reichte es mir mit den Worten: »Journalisten sind seltene Bastarde. Aber dich muss man schützen. Uns wird niemand zuhören, aber du kannst alles erzählen.«

War das ein Scherz? Ich weiß es nicht …

Was sind das für Menschen?

Ich bin nicht dafür, diejenigen, die in der »Isolation« Menschen misshandelt haben, allzu schnell als »Sadisten« zu bezeichnen. Sicherlich haben viele von ihnen diesen Titel verdient, und es handelt sich tatsächlich um klassische Psychopathen und Sadisten, die angesichts fremden Leids zu keinerlei Empathie fähig sind. Genau dieses Unvermögen, mit fremdem Schmerz mitzufühlen, befähigte sie, jahrelang tagein, tagaus Menschen zu foltern, nach der Schicht zu ihren Familien zurückzukehren, außerhalb der Mauern der »Isolation« ein ganz normales Leben zu führen und am nächsten Tag aufs Neue zu foltern. Interessanterweise äußerte sich einer derjenigen, die mich in Donezk verhaftet hatten, über diesen Typ Mensch einmal sehr treffend. Auf meine damals noch naive Frage »Was macht ihr hier mit den Leuten?«, antwortete er lächelnd: »Glaubst du, ein normaler Mensch ist in der Lage, elektrische Drähte an Geschlechtsteilen zu befestigen, jemanden vier Stunden in Folge zu foltern und dann nach Hause zu gehen zu seiner Frau und in Ruhe zu Abend zu essen? Ich zum Beispiel kann das nicht. Dafür haben wir spezielle Leute, die zu so etwas fähig sind. Jemand muss auch diese Arbeit machen.« Tatsächlich folterte mich dieser Mann nicht selbst, er schlug mich nur mit einem Gum-

PLATFORM FOR CULTURAL INITIATIVES

miknüppel, aber er war bei der Folter dabei und verfolgte aufmerksam die Antworten.

Und doch ist »Sadist« oder »Psychopath« nicht die Antwort auf die grundlegende Frage. Ich möchte damit sagen, dass wir hier nicht von Leuten sprechen, die wegen ihres Geisteszustands und ihrer Aggressivität ein Leben in einer Gummizelle fernab der Gesellschaft führen. Wir sprechen von Menschen, die vor dem Krieg mit uns die gleichen Straßen entlangliefen, in derselben Schlange für Brot anstanden und mit denen wir in der Straßenbahn zufällig zusammengestoßen sind. Von Menschen, die auch heute noch ohne Sturmhauben durch diese Straßen laufen, ohne dass man ihnen ansieht, dass sie noch gestern jemanden gefoltert haben. Das ist der Grund, warum die Bezeichnung »Psychopath« die Situation nicht ausreichend erklärt und die Frage nach dem Label »Mensch« aufwirft. Sind das Menschen? Zweifellos ja. Das Erschreckende an dieser Antwort ist gerade ihre Offensichtlichkeit, vor der wir uns nicht verstecken können, indem wir jemandem den Stempel »Psychopath« verleihen.

Im Laufe der Menschheitsgeschichte hat es hunderte solcher Orte wie die »Isolation« gegeben, in denen ein absolutes Machtgefälle auf engstem Raum dazu führte, dass sich die einen am Leid der anderen ergötzten. Und hier geht es nicht um Politik oder Weltanschauung: Es hat nichts mit Politik zu tun, wenn man die Insassen mehrerer Zellen stundenlang im Stehen sowjetische Lieder schmettern lässt, während nebenan jemand gefoltert wird. Warum sollte man so etwas tun? Damit die Gefangenen die Schreie nicht hören? Als wäre es nicht klar, dass sie jemandem Strom durch den Körper jagten? Das ist absurd. Sobald wir hörten, dass die erste Zelle zu singen begann, war klar, es würde jemand gefoltert werden. Der Effekt war genau entgegengesetzt: Jedes Lied löste einen Angstreflex aus, und genau auf diesen Effekt setzte die Gefängnisleitung. Das geschah nicht im Dienste irgendeiner »Staatssicherheit« oder aus nationalen oder religiösen Gründen. Es traf alle, Angehörige des Militärs, Spediteure, Geschäftsleute, Ärzte, buchstäblich alle. Ohne jeden Grund.

Ein anderes Beispiel: Ein Mann wurde über mehrere Stunden gefoltert, woraufhin er alles unterschrieb, was man von ihm verlangte. Doch damit nicht genug: Nach der Folter brachten sie ihn in die Zelle, zogen ihn nackt aus und ließen Musik vom Handy laufen, zu der er vor der Kamera für die Leitung tanzen musste. Hier geht es um die Natur des Menschen, falls es so etwas überhaupt gibt. Ist diesen Menschen bewusst, dass sie eine Grenze überschritten haben? Ich bin davon überzeugt. Es ist eine Sache, jemanden zu foltern und zu misshandeln, aber eine völlig andere, sich selbst in diesem Spiegel der Folter zu sehen und zu verstehen, was man getan hat. Um ein Beispiel anzuführen: Nur wenige Wochen vor meiner Verlegung aus der »Isolation« ins Gefängnis von Donezk brachte man uns nach dem morgendlichen Hofgang zurück in die Zelle. Wir waren etwa zehn Leute, und die Türen wurden von jenem Wärter aufgeschlossen, der ein Jahr zuvor meine Aufzeichnungen konfisziert und einige noch recht zurückhaltende kurze Essays über die »Isolation« gelesen hatte, in denen es um die komplizierte Dynamik zwischen Wärtern und Gefangenen ging. Unter uns waren auch ehemalige ukrainische Militärs, die von den Wärtern normalerweise gehasst wurden, aber er wandte sich einzig an mich: »Assejew! Wann muss ich dich hier endlich nicht mehr sehen?«

Warum erregte gerade ich, als Journalist, seinen Unmut? Für mich liegt die Antwort auf der Hand: Er hatte sich in meinem Blick selbst erkannt. Nachdem er meine Aufzeichnungen gelesen hatte, erkannte er sich jedes Mal darin wieder, wenn unsere Blicke sich trafen: Er wusste genau, was ich über ihn und seine »Arbeit« dachte, auch ohne, dass ich etwas sagte. Es geht hier sicher nicht um Schuldgefühle oder Ähnliches. Ginge es darum, würde die »Isolation« für die Leitung selbst zur Folter. Es geht vielmehr um eine soziale Spiegelung, bei der – wie Sartre es ausdrückte – der Mensch sich erst im Blick des anderen erkennt. Nur im bewussten Blick desjenigen, den du folterst, kannst du dich selbst als Peiniger erkennen. Nicht in den Schreien, im Bitten und Flehen – daran sind diese Leute gewöhnt. Erst ein solcher »Spiegel« ruft die Aggression hervor, als merkte man plötzlich, dass die eigenen Kleider schmutzig sind. Deshalb können Psychopathie und ein Hang zum Sadismus diese Menschen nicht ihrer Freiheit entheben, aus der die Verantwortung für ihre Taten resultiert. Und sie werden sich ihrer bewusst, sobald man sie einfach nur mit ruhigem Blick anschaut. Und genau das ist auch der Grund, warum man sie nicht im Gegenzug wieder foltern darf. Nicht moralische Gründe, nicht die Verantwortung gegenüber Gott oder dem Gesetz sollten uns davon abhalten, sondern vor allem dieser flüchtige Blick.

Seltsame Umfrage

Eines der Hauptprobleme in der Philosophie ist die Frage nach der Angemessenheit der Sprache gegenüber der Realität, die sie zu vermitteln versucht. Inwiefern stimmt die mit Worten beschriebene Welt der Dinge, Gefühle und Beziehungen mit der tatsächlichen Welt überein? Diese Frage lässt sich auch hinsichtlich der »Isolation« stellen. Einer der wenigen Zellengenossen, mit denen ich im Laufe meiner gesamten Gefangenschaft ein weitgehend offenes und ernsthaftes Gespräch führen konnte, sagte mir einmal:

»All diese Phrasen, die sie für uns auf der anderen Seite bereithalten, insbesondere ›Wir verstehen‹, sind absoluter Quatsch. Alle diese Psychologen mit ihren Formularen und Handreichungen: die einen für die Front, die anderen für Gefangene … Ich war nicht an der Front, aber ich wurde beschossen. Ich war nicht im Gefängnis, aber bin schon ein Jahr hier. In Wirklichkeit wird niemand verstehen, wie es hier war, solange er es nicht selbst erlebt hat. Du zum Beispiel, du kannst eine Million Interviews geben und wirst trotzdem nicht annähernd dieses Gespräch und seine Atmosphäre beschreiben können, du wirst niemandem vermitteln, dass dieser Abend anders ist als bei allen andern. Es ist klar, dass wir hinter Gittern sind, es gibt Türen,

Schlösser. Das meine ich nicht. Ich spreche von dem Gefühl, dass diese Tür sich jederzeit öffnen kann und du irgendwohin verschleppt wirst, ohne zu wissen, wohin und warum. Wie soll man dieses Gefühl beschreiben? Wie den Menschen da draußen erklären, wie es hier war? Ich weiß nicht, wie es dir geht, aber ich denke manchmal, dass es nach der Freilassung vielleicht überhaupt besser ist, zu schweigen und keinerlei Interviews zu geben – um die Leute nicht aus dem Gleichgewicht zu bringen und nicht in irgendeiner Schublade zu landen.

Ich erinnere mich natürlich nicht an alle Einzelheiten des Gesprächs, aber sinngemäß war es dies, was er sagte. Und genau deshalb habe ich hier zu Beginn geschrieben, dass ich nicht sicher bin, ob ich die richtigen Worte finden werde. Ich verstehe dieses Problem, ebenso wie ich verstehe, dass selbst diejenigen, die die »Isolation« durchlebt haben, in vielen Einschätzungen nicht mit mir übereinstimmen, da auch die gemeinsame Zelle in den Augen eines jeden von uns anders aussehen konnte. Wir sind in der kleinen Welt unserer persönlichen Erfahrungen gefangen, aber selbst diese ist ein unendlicher Kosmos. Ich werde meinem Freund nie erklären können, was ich in diesem Moment fühle, genauso wenig wie er mir je vollständig vermitteln kann, wie der die »Isolation« erlebt, auch wenn ich direkt neben ihm in derselben Zelle stehe. Unsere Sprache reicht dafür nicht aus, für jedes Gefühl bräuchte es ein ganzes Wörterbuch.

Das ist der Grund, warum ich oft versuche, die Realität dieses Ortes anhand der Erlebnisse und Gefühle der Gefangenen wiederzugeben und dem Leser die Möglichkeit zu lassen, irgendwo da draußen in seinen warmen vier Wänden anhand dieser Zeilen eine eigene Vorstellung zu entwickeln. An dieser Stelle möchte ich noch eine kurze Episode anführen, die zeigt, wie sehr wir alle von diesem Ort absorbiert waren, wie das Wort »Erschöpfung« mit jeder Sekunde, die man dort war, von uns Besitz ergriff. Es geschah während der Frühstückszeit, als es in der »Isolation« so gut wie kein Brot gab und man uns Reste vorsetzte, die nicht einmal ein Hund gefressen hätte. Alle nahmen volle Schüsseln, da sie ansonsten die Futterklappe überhaupt nicht geöffnet hätten, aber jeder kaute nur langsam an seinem »Serviettenbrot«. An diesem Tag gab es für jeden eine Scheibe (etwa 20 Gramm), die so dünn war, dass man seine Handfläche hindurchsehen konnte. Die meisten der alten Hasen waren zu dieser Zeit schon in andere Straflager oder Gefängnisse verlegt worden, so dass ich inzwischen am längsten in der »Isolation« saß, bereits das dritte Jahr. Es gab ein paar, die länger als ein Jahr hier waren, die Übrigen höchstens zwei Monate.

Da sagte plötzlich einer in das niedergedrückte Schweigen am Tisch hinein:

»Ich würde mein Leben dafür geben, dass wir hier alle von einem Raketenhagel getroffen werden. Einfach vom Erdboden gefegt, zusammen mit den Prostituierten auf der anderen Seite der Wand, zusammen mit diesem beschissenen Serviettenbrot, diesem schrecklichen Fraß und allen, die uns diese Schlösser öffnen. Für alles, für alle Schicksale, die hier zerstört wurden, würde ich mein Leben geben, solange sie uns hier nur alle begraben. Hier gibt es nichts mehr zu bedauern, nichts zu vergeben und zu verzeihen. Nur alles auf null setzen und Salz darüber streuen, damit hier noch die nächsten hundert Jahre nichts wächst.«

Es war Sommer, als er diese Worte sprach. Wir befanden uns in einer Zelle mit Klimaanlage und einer Toilette, vor deren Fenster liebreizende weibliche Gefangene die Blumenbeete der Gefängnisleitung pflegten. Niemand unterbrach ihn oder hatte etwas hinzuzufügen, niemand lachte. Wir starrten schweigend auf den leeren Tisch. In diesem Moment wurde niemand gefoltert, in der Zelle gab es erstaunlicherweise keine Verletzten, niemand stöhnte wegen gebrochener Knochen. Aber der Ort selbst war die Hölle für alle, die verstanden, wovon er sprach. Allein der Ort reichte aus. Daher sagte derjenige, der links von ihm saß plötzlich: »Ich auch.«

»Das würde ich auch«, »Ich auch«, »Ich auch«. Alle, die am Tisch saßen, auch die jüngsten »Gäste der Isolation« stimmten an diesem Morgen für den Tod. Hier und jetzt, ohne zu zögern, waren wir bereit, unser Leben zu geben, wenn eine solche Abstimmung möglich gewesen wäre, wenn es von uns abhängig gewesen wäre, ob die »Isolation« auf Kosten unserer Leben weiterexistiert oder nicht.

Wenn ich die Worte »Wir verstehen euch« höre, muss ich immer an diesen Tisch und dieses Frühstück denken. Und natürlich an die Klimaanlage …

Der Mann mit dem Hund

Gab es in der »Isolation« menschliches Verhalten gegenüber den Gefangenen vonseiten der Leitung? Ja, das gab es. Allerdings traf man es hauptsächlich bei Leuten an, die nur vorübergehend dorthin versetzt wurden und nicht lange blieben. Einer dieser Aufseher hatte zum Beispiel einen Hund, den er manchmal zu uns in die Zelle ließ oder mit zum Hofgang brachte, so dass jeder ihn streicheln konnte. Es mag wie eine Lappalie erscheinen, aber als ich den Hund zum ersten Mal selbst berührte, durchströmte mich eine helle Freude, so tief waren die alltäglichen Gefühle schon in mir verschlossen gewesen. Ein Gefangener der »Isolation«, der kaum seine Zelle verlässt, weder die Sonne noch Bäume oder andere Menschen sieht und rund um die Uhr in einem Schockzustand und einer Art Vakuum lebt, kann allein durch den Umgang mit einem neuen lebendigen Wesen, das dazu noch unbefleckt ist wie ein Hund, eine tiefe Katharsis erfahren. Die einfache Möglichkeit, diesen Hund zu streicheln, ließ uns einen Moment lang alles vergessen, als wären wir wieder Menschen und nicht »Nichtswürdige« oder »Schwuchteln«, wie uns die anderen Wärter hier nannten. Manchmal versuchte dieser Aufseher, uns mit irgendeinem Scherz aufzumuntern, und sagte zum Beispiel seinem Hund, wenn dieser noch einmal ungefragt zu uns liefe, könne er sich seine Pritsche aussuchen. Selbst sein einfaches »Guten Morgen, fertigmachen zum Hofgang«, klang für uns, die wir an Schläge und Flüche gewöhnt waren, angenehm ungewohnt. Darüber hinaus bescherte uns das »Herrchen« des Hundes während seiner Schicht manchmal noch einen abendlichen Hofgang, so dass zu den fünf Minuten am Morgen noch zehn weitere Minuten hinzukamen. Auf einem solchen abendlichen Gang sah ich zum ersten Mal seit einem halben Jahr die Sterne, und der Mond versetzte mich in diesem Moment in helles Entzücken. Während die anderen in einer Ecke rauchten, betrachtete ich durch den eisigen Stacheldraht die in der Kälte funkelnden Sterne und dachte an die Frau, die ich liebte. Vielleicht betrachtete auch sie in diesem Moment irgendwo denselben Himmel und dachte an mich. Sosehr wir auch Feinde sein mochten, ich bin diesem Mann und seinem Hund dankbar für die Menschlichkeit, die er mich in diesen Minuten spüren ließ, vielleicht ohne zu ahnen, was für einen großen Dienst er mir damit erwies.

Im Grunde bin ich mir sicher, dass er es nicht ahnte, das zeigte sich beim nächsten morgendlichen Hofgang: Die Raucher standen wie immer in der Ecke neben dem Mülleimer, während die wenigen Nichtraucher inklusive mir sich am Zaun aufreihten und den Blick über die Wipfel der Pappeln streifen ließen, die die benachbarte Straße säumten. Dieses Bild war die einzige

Abwechslung für die Augen, von der anderen Seite starrte uns der düstere Beton des Werksgeländes entgegen. Es gab auch einen praktischen Grund dafür, die Pappeln zu betrachten: In der Zelle befinden sich alle Gegenstände in unmittelbarer Nähe, wodurch die Augen mit der Zeit wehtun und die Sehkraft nachlässt. Die Möglichkeit, fünf Minuten lang die Wipfel der entfernten Bäume zu betrachten, brachte somit Erleichterung für die Augen und ein wenig Ablenkung für die Seele, die sich an etwas Lebendigem erfreute.

In genau so einem Moment kam der Wärter mit seinem Hund zu uns, stellte sich neben uns in die Reihe und sagte (wieder einmal) scherzhaft:

»Was starrt ihr da jeden Tag an? Gibt es etwa Drohnen da draußen?«

Er hätte es sicher nicht verstanden, hätte ich ihm noch von den Sternen erzählt …

Tod und Freiheit

Das Letzte, was ich möchte, ist, dass die folgenden Gedanken als Apologie des Selbstmords verstanden werden. Im Gegenteil. Und doch, in einer Situation, in der einem Menschen alles genommen ist und er perspektivisch für die nächsten Jahre auf einen engen Raum von wenigen Quadratmetern beschränkt ist, ist es gerade die Bereitschaft zu sterben, in der sich das wahre Wesen der Freiheit offenbart. Nicht der Tod, sondern die Bereitschaft, aus freien Stücken aus dem Leben zu scheiden, verschaffte mir sogar im Keller, als ich zum ersten Mal ernsthaft über diese Dinge nachdachte, Ruhe und schenkte mir ein Lächeln. Der Gedanke, dass das Recht zu sterben einem sogar hier nicht genommen werden konnte, wo bei der abendlichen Durchsuchung zwischen den kahlen Wänden einem sogar die Schnürsenkel aus den Schuhen entfernt und die Reste eines alten Kalenders auf dem Boden eingesammelt wurden, erfüllte mich mit einer Art innerem Licht, als wüsste ich etwas, was den Henkern verborgen blieb.

Wenn man über seine Erfahrung mit dem Tod spricht, ist das, als würde man sich selbst auf den Schwanz treten. Es scheint wie ein Widerspruch. Man kann den Tod nicht erfahren, wenn man ihn von einer formalen, diagnostischen Seite aus betrachtet. Außerdem gibt es

Menschen, die dem Tod in der »Isolation« deutlich nähergekommen sind als ich. Einer von ihnen wurde zum Beispiel eines Tages zur Erschießung geführt – sie drückten ihn gegen die Wand und feuerten eine Maschinengewehrsalve über seinem Kopf ab. In solchen Fällen spielt das Ergebnis keine Rolle, da es in diesem Moment vollständig mit dem Gefühl verschmilzt. Mit anderen Worten, wenn der Mensch überzeugt ist, dass er erschossen wird, dann stirbt er psychologisch betrachtet, sobald der Abzug gedrückt ist, mit dem ganzen Spektrum der Gefühle, auch wenn ihn vielleicht keine einzige Kugel streift.

Ganz allgemein könnte man den Zustand eines Gefangenen in der »Isolation« oft als geistigen Tod bezeichnen, bei dem alle Gefühle, über die ein lebendiger Mensch in einem normalen Umfeld verfügt, verkümmert sind. Der Tiefpunkt ist der Zustand, wenn man nicht einmal mehr in der Lage ist, über den eigenen Tod nachzudenken, da der Körper auf elementare Reflexe reduziert ist. Und dennoch verstehe ich unter »Todeserfahrung« hier das Gefühl, das sich in der Reflexion über die Freiheit der letzten Wahl offenbart. Der Wahl, die eigene Existenz zu beenden. Diese Freiheit hat nichts mit dem Akt des Selbstmords selbst zu tun, dem in erster Linie eine psychologische und keine rationale Entscheidung zugrunde liegt, bedingt durch Depressionen oder andere Faktoren. Als ich also im Keller der »Zentrale« meinem Leben ein Ende setzen

CAT
CAT

wollte, entsprang dieser Wunsch einer ganzen Kette an Überlegungen, deren letztes Glied die Freiheit war, die ich bei dem Gedanken verspürte, dass mir das Recht zu sterben selbst hier nicht genommen werden konnte. Aber der Akt des Selbstmords als solcher – wenn es dazu gekommen wäre – wäre einfach die Summe allen Leidens gewesen, das ich in diesem Moment erlebte, und mit meinem Tod hätte ich auch dem Gefühl der Freiheit ein Ende bereitet. Darin besteht das Paradoxon: Die Freiheit ist der Sprung in den Tod, der immer nur einen Schritt entfernt liegt. Möglich ist sie nur, solange der Mensch lebt. Das ist die seltsame Dialektik des Kellers.

Aber die Beschäftigung mit dem Selbstmord hat auch eine therapeutische Wirkung: Wenn man den Freitod als möglichen Ausweg aus dem eigenen Leben begreift, ist man nicht mehr davon besessen. Wenn ein Gefangener durch den Gedanken an diese totale Freiheit das Gefühl der Kontrolle über sein Leben zurückgewinnt, ist es, als durchlaufe der Selbstmord eine Art Filter, so dass alles Negative von ihm abfällt, was wir in einem normalen Umfeld mit ihm verbinden. Darin liegt ein weiteres Paradoxon: Die Bereitschaft, unter den extremen Bedingungen der »Isolation« zu sterben, befreite mich von der realen Notwendigkeit und verschaffte mir eine Art Seelenfrieden. Ich dachte ungefähr so: Ich kann zwar nichts beeinflussen, aber ich kann jederzeit alles beenden. Auf diese Weise schien es, als wäre die Situation, über die ich keine Kontrolle hatte, wieder in meiner Hand. Teilweise natürlich ein Selbstbetrug, denn eine solche Situation – wenn sie nicht durch das Licht des ewigen Lebens erhellt wird – ähnelt der verzweifelten Lage eines Schachspielers, der beschließt, die für ihn zerstörerischen Regeln zu umgehen, indem er die Figuren vom Brett fegt.

Als konkrete Übung stellte ich mir im Keller meinen eigenen Tod, über den ich immer häufiger nachdachte, bildlich vor, da ich verstand, dass ich mich irgendwie selbst täuschen musste. Ich versuchte mir also vorzustellen, wie innerhalb einer Minute alles zu Ende wäre, wenn ich tat, woran ich seit einigen Wochen dachte. Keine Folterungen, keine Verhöre, keine kalten Wände, keine Handschellen oder Säcke mehr. Die Wärter kommen von ihren Posten in meine unterirdische Zelle gerannt – aber zu spät. Alles weitere sind nur noch Formalitäten: wie das Problem beseitigen, das vor ihnen auf dem Boden liegt. Und ich begriff, dass es zum Teil doch kein Selbstbetrug war: Irgendwo auf dieser Erde war mein Platz, ein Fleckchen Erde von zweimal anderthalb Metern, das nur auf mich wartete. Vielleicht befand sich dort in diesem Moment ein Haus oder eine gewöhnliche Wiese oder ein Spielplatz. Vielleicht lief gerade ein Hund darüber, oder der Wind wehte ein paar welke Blätter darüber hinweg. Das war keine Theorie, sondern ein Faktum meiner Zukunft, die in der rohen Gegenwart danach schrie, gehört zu werden.

Diese zwei Meter waren für mich unausweichlich, aber sie waren auch mein Vorteil. Ich konnte sie jederzeit selbst ausheben. Was waren Knüppel, Stacheldraht, Stromschläge vor dem kleinen Fleckchen Erde, das mich sowieso irgendwann einholen würde? Diese Zelle mit ihren Wänden, das ganze Leid, die Folter waren nicht unendlich. Unendlich war die Freiheit, die ich empfand, solange ich den Keller der Glasscherbe in meiner Hand vorzog.

Die offizielle Psychiatrie und Psychotherapie mögen mir widersprechen und eine solche Praxis für gefährlich und destruktiv halten. Aber die Hauptaufgabe eines Gefangenen in diesem Keller bestand darin, die enorme psychische Belastung auszuhalten, der er durch die Folter, die Gedanken an die Angehörigen und die Ungewissheit über sein Schicksal ausgesetzt war. An den Tod zu denken, ist in diesem Zusammenhang völlig normal, und das tat jeder, mit dem ich innerhalb der Kellermauern sprach. Deshalb war es wichtig, diese Gedanken in eine Art »psychologische Todeserfahrung« umzuwandeln, in etwas, das bereits gedanklich geschehen ist, damit man sich nicht die Schlinge um den Hals legen muss. Den Tod als einen in diesem Sinne kontrollierbaren Prozess zu behandeln, hatte fast immer eine positive Wirkung auf mich.

Ähnliche Überlegungen lassen sich auch auf einen Staat anwenden, wenn wir vom rein psychologischen Aspekt der Frage wieder zum metaphysischen zurückkehren. Ich spreche hier von einem Staat, der bewusst bereit ist, im Kampf gegen einen stärkeren Gegner unterzugehen. In einem Kampf, der auf den ersten Blick nicht zu gewinnen ist. Von den Demokratien der Antike bis zu den Staaten der Gegenwart – einschließlich der Ukraine – war die höchste Form der Freiheit immer mit der Möglichkeit der Auslöschung verbunden, entweder eines ganzen Staates oder seiner einzelnen Teile. Was die alten Griechen, die bereit waren, auf der Stelle zu sterben, von dem Kellergefangenen unterscheidet, der keine Chance hat, Herr seiner Situation zu werden, ist letztlich nur die Gemeinsamkeit der Erfahrung. Hier wie da handelt es sich nicht um einen gewöhnlichen Tod, sondern um Selbstmord, wenn der Einzelne oder das Kollektiv die Erfahrung macht, dass die Umstände mächtiger sind als man selbst. Daher verkörpern Länder, die für ihre Freiheit kämpfen und dabei ihre Existenz aufs Spiel setzen, diese Freiheit in ihrer höchsten Form.

Das Problem liegt jedoch woanders. Das Thema Tod ist heutzutage genauso ein Tabuthema wie noch vor hundert Jahren das Thema Sex. Schon allein das Wort »Tod« ist mit einem Stigma behaftet und ruft ein Unbehagen in uns hervor, indem es dafür sorgt, dass wir uns gedanklich sofort mit allen Äußerlichkeiten einer Beerdigung befassen. Dieses äußerst offenkundige und unausweichliche Phänomen unseres persönlichen Lebens wird in der Gesellschaft komplett ausgeklammert, ähnlich wie früher das Thema Sex in kirchlichen und persönlichen Kreisen ein absolutes Tabuthema war. Und doch ist das Recht auf den eigenen Tod – ohne Diagnose und Verurteilung – ein fundamentaler Wert, auf den unser Denken erst zusteuert. Dieses Recht kann jahrelang in den Regalen der Moral verstauben und nicht eingefordert werden. Aber mit der Erfahrung der »Isolation« ist für mich klar, dass es in höchstem Maße unsere Wahlfreiheit und damit die höchste Form der Freiheit verkörpert, die sogar mir in meiner Zeit im Keller ein Lächeln schenkte. Und wenn man mich heute fragt, worin die Würde der Menschen in dieser Situation bestand, ob ich etwas Positives aus diesen Mauern mitgenommen habe, dann ist es ganz sicher dieses Lächeln.

Nicht in Prag

Welche Gedanken treiben einen Häftling der »Isolation« um, wenn er in die Freiheit zurückkehrt? Ich spreche explizit von der »Isolation«, weil die Reaktionen derer, die in anderen Gefängnissen und Lagern saßen, grundsätzlich anders waren. Auch wenn wir alle aus der Strafkolonie Makijiwka in die Freiheit entlassen wurden, wohin vor dem Gefangenenaustausch Menschen aus verschiedenen Haftanstalten überführt wurden, waren wir, die wir aus der »Isolation« kamen, bis zum letzten Moment deutlich mutloser und skeptischer, selbst dann noch, als die Freiheit zum Greifen nah war. Wir konnten nicht glauben, dass alles vorbei war oder im nächsten Moment vorbei sein würde – bei fast allen, die in der »Isolation« waren, beobachtete ich diesen ausgeprägten Pessimismus. Interessanterweise hatte ich von allen fast am längsten in der »Isolation« gesessen, 28 Monate, während es unter den Kriegsgefangenen welche gab, die bereits fünf Jahre in Gefangenschaft waren, aber nicht in der »Isolation«. Und diese waren oft die optimistischsten von allen und hatten sich ihre Lebensfreude bewahrt, obwohl sie schon doppelt so lange ihrer Freiheit beraubt und in den vergangenen Jahren mehrmals von den Austauschlisten gestrichen worden waren. Es war nicht verwunderlich, dass wir ehemaligen »Isolations«-Häftlinge sogar noch mit unseren Reisetaschen in der Hand bei den anderen oft eine gewisse Ablehnung hervorriefen, als würden wir uns absichtlich nicht darüber freuen, dass wir uns gleich auf der anderen Seite des Stacheldrahtzauns befinden würden.

Diese »emotionale Abgestumpftheit« war jedoch alles andere als vorsätzlich. All die Zeit war uns eingetrichtert worden, dass wir Niemande waren, dass es für uns keine Zukunft gab, dass die Schreie der Frauen und die nächtlichen Folterungen das Einzige waren, was wir verdienten. Irgendwo tief drinnen konnten wir, die wir die »Isolation« durchlebt hatten, tatsächlich nicht glauben, dass all das irgendwann ein Ende haben würde, obwohl wir uns bewusst darüber unterhielten, was wir tun würden, wenn wir entlassen würden. Ich erinnere mich an ein solches Gespräch, am Vorabend des Austauschs, als ich mich mit meinem ehemaligen Zellengenossen aus der »Isolation« in eine entlegene Ecke der Baracke zurückzog, damit uns möglichst wenige Leute hörten. Ich fragte ihn, ob er Erleichterung verspürte, als er seinen Namen auf der Begnadigungsliste hörte, und er antwortete: »Nein. Und du weißt selbst, warum.« Wir sprachen etwa eine Stunde, und immer wieder kamen mir dieselben Gedanken …

Sollte man mit der gleichen Grausamkeit reagieren, die sie uns angetan hatten, sollten wir es auf die Spitze treiben oder sogar noch weiter? Sie brachen Finger, wir würden ihnen die Beine brechen. Sie jagten 30 Volt durch uns hindurch, wir würden ihnen 100 Volt verpassen. Sie vergewaltigten eine der weiblichen Gefangenen, wir würden einen von ihnen töten. Vielleicht sollte man alles bis zu dem Punkt treiben, an dem sich ein unendlicher Strom an Grausamkeit über die Ukraine ergießen und man in den Medien auf der ganzen Welt nur noch über uns schreiben würde? Dann würden unsere ausländischen Verbündeten in ihrer »tiefen Besorgnis« vielleicht endlich die bittere Kälte des Leids im Donbass spüren, wo Worte nicht mehr zählen, sondern nur noch Taten. Vielleicht hatte Palytsch in jener Nacht im Keller doch recht, als er davon faselte, dass er so etwas wie ein Halbgott sei, weil er über alles hinweggehen könne: Schreien, Bitten und Flehen – und einfach foltern, foltern, foltern, ohne jede Rücksicht? Sollte diese Kreatur, die nichts Menschliches an sich hatte, recht behalten und das war unsere Realität? Und wer waren wir? Die wir zweifelten, während sie Fakten schafften. Die wir redeten, während sie Drähte anlegten …

Ich habe noch nie jemandem davon erzählt, aber genau das dachte ich, als ich im Flugzeug saß und wir feierlich in die Hauptstadt gebracht wurden. Mit diesen Gedanken habe ich oft Reden über Menschenrechte gehalten und bis zum Schluss nicht die Kraft gefunden, selbst an das zu glauben, wovon ich sprach. Der Mensch … Waren es nicht Menschen, die uns das angetan hatten? Und wären wir nicht fähig, in einem Anfall von Wut und Rache das Gleiche zu tun?

»Wenn ich ihnen das Gleiche antue, gibt das dem, was ich erlitten habe, wenigstens irgendeinen Sinn«, war in etwa der Gedanke, den ich einmal von einem der schweren Jungs hörte. Das ist ein absurdes Gefühl, sofern man das Wort »absurd« auf Gefühle anwenden kann. Manchmal hat einer, der aus der Gefangenschaft entlassen wurde, das Gefühl, dass er einfach irgendetwas tun muss, um diese Jahre irgendwie »wiedergutzumachen«. Rache liegt so gesehen nahe. Sie ist das Erste, was einem in den Sinn kommt. In den ersten Tagen der Freiheit lebt man immer noch mit der Gewalt, auch wenn man die engsten Vertrauten um sich versammelt hat, man ist einfach nichts anderes gewohnt, das Pendel der Gefühle hat sich in all der Zeit mit giftigem Rost überzogen.

Wären diese Gedanken eine Aufforderung, dann bekäme ich eine neue Freiheitsstrafe. Es ist unschwer zu erkennen, dass das nur eine Krankheit ist, ein Teil unseres Traumas, das in das krankhafte Bedürfnis nach Gerechtigkeit umschlägt. So viel ist klar. Wir haben alle diese Bücher gelesen, die uns bis auf die Knochen sezieren. Je mehr Zeit vergeht, desto mehr verblassen diese Gedanken, bis nur noch die Asche der Gefühle zurückbleibt. Irgendwann verschwindet auch dies. Und das wiederum führt zu einem seltsamen Gefühl der Selbstverachtung. Wusstest du etwa nicht, dass es so kommen würde? Hast du dir nicht selbst tausendmal gesagt, als du noch im Keller warst: »Vergiss niemals, was sie den Menschen hier angetan haben«? Die Freiheit macht viele Menschen weich und lässt sie vergessen und verzeihen. Es ist wie mit dem Schnupfen, den ich mir in der »Isolation« zuzog, als ich bereits eine Decke hatte, während ich nie krank wurde, solange ich mich im Keller an einer Urinflasche wärmte.

Es gab eine Zeit in der »Isolation«, in der ich nach einer der üblichen Folternächte den ganzen nächsten Tag damit verbrachte, mir vorzustellen, wie ich nach der Befreiung die ukrainischen Gefängnisse besuchen würde, wo ihre Gefangenen sitzen. Ich wollte sie nur anschauen, mich nicht zu erkennen geben und kein einziges Wort sagen. Sie würden dort sitzen in einem offiziellen Gefängnis, mit einem Telefon, Zugang zum Roten Kreuz und der OSZE, mit normaler Verpflegung, niemand würde ihnen Gewalt antun oder sie unter die Pritschen prügeln. Ihre Verwandten und Angehörigen können sie jederzeit besuchen. Zu diesem Zeitpunkt hatte ich meine Mutter schon über ein Jahr nicht mehr gesehen, und auch nur deshalb, weil ich in den Hungerstreik getreten war, da ich von einem normalen Gefängnis träumte. Ein normales Gefängnis, nur nicht die »Isolation«, und dafür nahmen sie mir das Letzte, was ich hatte: meine Mutter …

Ich erinnerte mich an all das, an diesem Tag in der »Isolation«. Ich erinnerte mich daran, als ich im Flugzeug nach Kyjiw saß, und manchmal denke ich auch jetzt noch daran. Um ehrlich zu sein, versuche ich jetzt, möglichst nicht daran zu denken, Rache ist ein verdammt schlechter Mechanismus. Es gibt nichts, was das alles wiedergutmachen könnte. Aber ich habe gelernt zu verdrängen. Ich habe noch immer keine Antworten auf meine Fragen gefunden, genauso wenig wie auf die wichtigste Frage. Und es ist nicht die Frage nach Vergebung: Ich bin mir bewusst, dass es sicher jemanden gibt, der auf der anderen Seite genauso denkt. Der davon überzeugt ist, dass ich nicht derjenige bin, der vergeben kann, sondern dem vergeben werden muss. Hier hilft nur ein Weltgericht: die einen nach rechts, die anderen nach links und nach Möglichkeit lautlos. Meine große Frage ist daher eine völlig andere: Wer bin ich?

Ein gut gekleideter junger Mann irgendwo in Prag, der sich einen schönen Sonnenuntergang über den Ziegeldächern anschaut und es sich leisten kann, über Humanismus nachzudenken? Oder das eingesperrte Tier von Donezk, das zwischen den Gitterstäben und der Tür seine endlosen Bahnen zog und Gedanken an langsame, quälende Rache hegte?

Weder die Kleider noch Prag vermögen eine Antwort auf diese Frage zu geben.

Weiße Nächte

Wie Paris hat auch der Krieg nie ein Ende. Das wurde mir zum ersten Mal bewusst, als meine Mutter mich in Kyjiw besuchte. Es war gerade eine Woche seit meiner Freilassung vergangen, als ich sie wiedersah, ein Treffen, von dem ich all die Jahre geträumt hatte. Aber schon bei der ersten Umarmung wurde mir klar, dass mit mir etwas nicht stimmte. Die Sehnsucht nach meiner Mutter hatte mich in Gefangenschaft fast um den Verstand gebracht, vor allem, als mir klar wurde, dass sie immer noch nicht wusste, wo ich war, und die Krankenhäuser und Leichenhallen nach mir absuchte. Und dann steht sie plötzlich vor mir: müde und erschöpft, aber glücklich, dass ihr Sohn endlich wieder in Freiheit ist. Sie streckt die Arme nach mir aus und umarmt mich. Ich umarme sie auch, und in dieser Umarmung liegen Jahre voller Tränen, schlafloser Nächte, Illusionen, Gebete, hunderte Taschen mit Lebensmitteln, die meine Mutter unter größter Anstrengung vor allem den Wärtern gebracht hatte – bei uns kamen nur Krümel an. In dieser Umarmung liegt die Freude, dass all dies vorbei ist: Da ist es, das neue, glückliche Leben. Aber mich überkommt ein seltsames Gefühl, ein Widerwillen gegen diese Tränen. Mit jedem Tag wird das Gefühl stärker, bis es sich in eine Art Wut verwandelt. Die Aufmerksamkeit wird mir zur Last: Ich verstehe nicht, wie man mich fragen kann, was ich heute zum Frühstück gegessen habe, nachdem man mir Drähte angelegt hat. Was ist das für eine Frage? Ich habe den Keller überlebt, und jetzt kann ich mir ein Spiegelei braten. Ich sage es ihr und rufe damit neue Tränen hervor, sie fühlt sich gekränkt. Sie versteht nicht, warum ich so abweisend bin. Anfänglich verstehe ich es selbst nicht. Was geschieht hier? Ist denn jetzt nicht »alles gut«?

Um diese Frage zu beantworten, muss man wie bei einem Puzzle das ganze Bild zusammensetzen. Einige Tage vor dem Treffen mit meiner Mutter wurde ich aus dem Sanatorium, in das wir alle unmittelbar nach der Befreiung gekommen waren, nach Kyjiw gebracht. Ich weiß nicht, wie ich das am besten beschreiben soll, aber wenn man aus dem Tageslicht in das Halbdunkel einer Kirche tritt, erscheinen einem die Kerzen an den Wänden besonders hell. Mit der Zeit gewöhnt man sich an das gedämpfte Licht, man erkennt Gegenstände, Kruzifixe… Aber am Anfang brennen nur die Kerzen, zuerst sieht man nur sie. Genauso »leuchteten« für mich die Häuser.

Sobald wir das Waldgebiet verließen und sich die ersten Häuser der Stadt abzeichneten, konnte ich meinen Blick nicht mehr von ihnen abwenden. Es war fast Abend, in vielen Fenstern brannte schon Licht, und die ganze Stadt stand vor mir wie ein Weihnachtsbaum. Ich war fast wahnsinnig vor Glück und staunte wie ein kleines Kind, auch wenn ich erschlagen war von der schieren Zahl der Gegenstände um mich herum und meine Augen schmerzten.

Das war der Höhepunkt meiner Euphorie. Danach bewegte ich mich emotional in einer Abwärtsspirale. Es waren nicht die jähen Einbrüche, die ich aus der Gefangenschaft kannte. Es war komplizierter: In steten Bewegungen, Schritt für Schritt geht man die Treppe hinunter, deren Ende bisher nicht in Sicht ist. Irgendwo muss es sein, ganz sicher, aber während man noch darüber nachdenkt, hat man schon den nächsten Schritt getan.

Ich habe die christliche Vorstellung vom Paradies nie verstanden. Was kann das für ein Himmel sein, solange du weißt, dass neben dir jemand im Höllenfeuer brennt? Wie sollen wir uns im göttlichen Licht sonnen, wohl wissend, dass ein Teil unserer Verwandten oder Freunde zu ewigen Qualen verdammt ist? Deshalb bin ich überzeugt, dass es für die Angehörigen der Gefangenen schwerer ist als für uns. Wie oft habe ich mich im Keller mit dem Gedanken getröstet, dass alle meine Lieben jetzt irgendwo im Warmen sitzen und meine Liebste weit weg ist, in Sicherheit. In dem Moment, in dem ich mir vorstellte, dass einer von ihnen an meiner Stelle wäre und ich in Freiheit, wich der Gedanke sofort dem Gefühl des Schreckens, den er mit sich bringt. Ich weiß nicht, woher man die Kraft nimmt, jahrelang mit dem Gedanken zu leben, in einem warmen Bett einzuschlafen, während die eigene Mutter oder der eigene Sohn vielleicht auf einer Matratze auf dem Betonboden schläft.

Ich erinnere mich, wie einer meiner Pritschennachbarn, ein tiefgläubiger Mensch, mich davon zu überzeugen versuchte, dass alles, was hier geschah, eine Strafe für unsere Sünden sei. Von Gläubigen hört man mehr oder weniger immer das Gleiche. Ich wollte ihn fragen, warum dann noch nicht die ganze Welt in der »Isolation« sei oder wofür der kleine Sohn jenes Menschen dort in der Ecke leiden musste, wenn er fragte, wohin sein Vater seit einem Jahr verschwunden war. Aber es war schon zu spät für diese Fragen. Ich konnte nur noch schweigend nicken. Wie auch immer man diese Situation rechtfertigt, man macht es nur schlimmer, im Sumpf zieht dich jede Bewegung nur noch tiefer hinab.

Ich verstand meine Mutter also gut. Ich konnte nicht ansatzweise nachempfinden, was sie all die Jahre durchgemacht hatte, schon im ersten Monat nach meiner Verhaftung hatte sie zehn Kilo abgenommen. Aber ich verstand ihre Tränen, jetzt wo alles »vorbei« war. Genauso wie ich verstand, dass überhaupt nichts vorbei war.

Ich erinnere mich, wie ich eine Woche nach meiner Befreiung zum ersten Mal in die Kyjiwer Metro stieg. Es war ein Schock. Nicht nur, weil ich mich plötzlich in einem nicht enden wollenden Strom von Menschen wiederfand, nachdem ich über zwei Jahre in einer kleinen Zelle verbracht hatte, in der ich monatelang immer dieselben Männer sah. Schon allein der Anblick junger Mädchen, lächelnd und unbeschwert, war ein Ereignis. Aber als ich in die Bahn stieg, erlebte ich womöglich das, was die Buddhisten Satori nennen, eine Art Erwachen, in umgekehrter Form. Ich ging auf die Tür zu und sah neben mir eine junge Frau, die auf ihrem Handy durch Seiten mit Kinderkleidern scrollte. Ich beobachtete sie aufmerksam, ihr Gesicht mit dem sorglosen Lächeln, dann ließ ich meinen Blick durch den Waggon schweifen – und wollte nicht mehr leben.

Mir wurde plötzlich klar, dass niemand wusste, was wir erlebt hatten, mehr noch – niemand konnte etwas damit anfangen, denn wer lebt schon gern mit Geschichten von Folter und Kellern –, sie mussten ihre Kinder kleiden. Plötzlich schien es mir, als würden sich all die Jahre voller Schreie und Stöhnen zu einem höhnischen Grinsen ausweiten, in Gestalt dieses Waggons. Das Gefühl hielt so lange an, bis ein Soldat einstieg. Als ich ihn sah, einen mir völlig unbekannten jungen Mann in Tarnuniform, wurde der ganze Waggon förmlich schwarz-weiß, nur der junge Mann blieb in Farbe. Er wurde zum einzigen Bindeglied zwischen mir und der mir immer noch fremden Stadt, nur weil er eine Tarnuniform trug.

Jetzt, ein paar Monate später, ist alles anders. Der groteske Waggon, in dem alles hervortrat und ich das Gefühl hatte, als würde ich meine Umgebung mit den

Händen lesen wie ein Blinder, ist nicht mehr da. Das Relief ist verschwunden. Ich betrachte die Menschen genau, aber ich sehe sie nicht mehr. Ich habe mich in ihnen aufgelöst, bin Teil der Masse geworden, die stillschweigend alle Geräusche und Schreie des Krieges absorbiert, wie die Wände einer Gummizelle. Ich finde nichts Seltsames mehr daran, einfach in der U-Bahn zu lesen oder sich auf dem Handy Bilder von Babywindeln anzuschauen. Obwohl ich immer noch weiß, dass auch in diesem Moment hunderte von Menschen in irgendwelchen Kellern sitzen. Und jetzt, genau wie damals, Menschen gefoltert werden. Ich weiß es, aber das Gefühl ist verschwunden. Der Schock der ersten Wochen und der Gedanke, dass alle schlafen, ist vorüber. Und wie hell »brannte« der Waggon, als ich ihn das erste Mal nach der Gefangenschaft betrat! Die Mimik, die Gesten, die Details und Nuancen – alles maß ich an der Schablone der Foltertische. Und nichts davon hielt der Prüfung stand. Es war nichtig und unbedeutend. »Weißt du überhaupt? …« Und jetzt: Weiß ich es überhaupt selbst? Und muss man es wissen? Mit dem leben, was einem den Schlaf raubt?

Ich schlafe auch so kaum. Nach dreißig Monaten, in denen ich beim Licht einer Lampe geschlafen habe, die man nicht ausschalten konnte, kommt der Schlaf in der Dunkelheit erst gegen Morgen, in der Dämmerung. Ich habe früher nie über das nächtliche Licht in fremden Fenstern nachgedacht, nie kam mir der Gedanke, dass es etwas anderes bedeuten könnte als normale Schlaflosigkeit. Mit der Zeit bekam ich selbst Angst vor meinem Zimmer. Auch wenn man die ganze Welt hereinlässt, ist man doch allein. Weiße Nächte sind nicht immer eine Frage der Geographie, manchmal kommen sie auch mit dem Krieg.

Und dann war da noch der Kühlschrank ... Die Überbleibsel des Syndroms sozusagen. Immer wenn ich ihn öffnete, quälte mich der Gedanke, dass das alles verschwinden könnte, einfach so. Was, wenn ich mich plötzlich wieder für Jahre im Keller wiederfand? Wieder zwei Scheiben »Serviettenbrot« (wegen ihrer Dünne und Durchsichtigkeit), wieder gammliger Haferbrei und Wassersuppe ... Unmöglich? Man muss nur die Uhr zurückdrehen: Was habe ich gemacht, noch eine Stunde bevor für fast tausend Tage das Unmögliche geschah? Gefrühstückt. Quark, Rosinen, Schmand. Ein warmes Bad, angenehme Musik und ein neues Parfum. Ein gewöhnlicher Morgen im Mai – kein Wink des Schicksals, keine bösen Vorzeichen, die darauf hindeuteten, dass ich diesen Quark erst in ein paar Jahren wieder kosten würde.

Ich hatte Angst. Aber nicht vor dem Keller: Ich war schon weit genug, um zu verstehen, dass es nicht der Keller war, den ich fürchtete. Das Furchteinflößende ist die Absurdität, das Ungewisse, das Fehlen jeglichen Sinns, der wenigstens irgendwie diese Kluft, die so schmal war wie eine Stunde, hätte erklären können.

Von der warmen weißen Wanne zu den kalten Gittern und verblichenen Wänden. Es verging nur eine Stunde, und das Leben war für fast drei Jahre ein anderes. Diese Gedanken fressen einen von innen auf.

Nach meiner Befreiung habe ich mehrmals nachts geweint, manchmal laut schluchzend, und ich erinnere mich nicht, dass so etwas jemals vor der Gefangenschaft vorgekommen wäre. Genaugenommen habe ich nicht einmal unter der Folter geweint, in diesem Moment ist einem nicht nach höheren Gefühlen, alles reduziert sich auf die Kontrahierung der Muskeln. Das Weinen kam jedes Mal unerwartet, sodass es mir einmal sogar den Boden unter den Füßen wegriss. Mit dreißig Jahren ist man nicht stolz auf seine Tränen, aber das Gefühl der Einsamkeit zusammen mit allem, was ich durchlebt hatte, drehten ein paarmal einfach mein Innerstes nach außen, und ich konnte nicht aufhören zu schluchzen, wie ein kleines Kind. Vielleicht war das meine Art zu fragen: Wofür? Das Schlimmste daran ist, dass es niemanden gibt, dem man diese Frage stellen kann: Sie kommt aus dem Inneren und richtet sich an mich selbst, wie das Echo in einer Höhle. Ich denke, Tränen sind immerhin besser als Wodka, mit dem viele nach der Gefangenschaft versuchen, die verlorenen Jahre wegzuspülen. In der »Isolation« hatte ich einen Zellengenossen, der während des Afghanistan-Kriegs in Gefangenschaft war und einen Monat lang in einer Erdhöhle verbracht hatte. Er erzählte, dass er noch zwei

Jahre danach »jedem die Fresse polierte« und nachts schrie. Ich erinnere mich an seine Worte, als wäre es heute: »Das Wichtigste ist, dass man sich nicht zu schnell unter die Leute stürzt. Ich habe diesen Fehler gemacht, aber man muss es langsam tun, Schritt für Schritt.«

Es heißt, der Teufel steckt im Detail. Das ist wahr. Besonders wahr ist es für diejenigen, deren Innerstes wie ein Streichholz ist, das sich an jeder Kleinigkeit entzünden kann. Du weißt nicht, wo dich die Erinnerung einholt, wo sie dich am Hals packt und kopfüber in die Verzweiflung stürzt. Im Bad, auf dem Markt, in der U-Bahn. Irgendeine Kleinigkeit, die dich aus dem Gleichgewicht bringt und das Gefühl der Erschöpfung mit der Erinnerung an das Erlebte verknüpft. Danach läuft alles wie mechanisch: Wie an einer Gebetskette spielst du die Möglichkeiten durch, dem Ganzen zu entkommen. Das ist ein seltsames Gefühl. Wie ein Sommergarten, in dem mit einem Mal alle Vögel verstummen. Die ganze Welt um dich herum verstummt, und du bist ganz allein.

Ich erinnere mich, wie etwa einen Monat nach meiner Befreiung die Dusche in meiner Wohnung undicht wurde. Es war nur eine kaputte Dichtung, aber ich hätte mich fast aus dem Fenster gestürzt. Während ich unter dem dünnen Wasserstrahl stand, dachte ich plötzlich: Warum muss ich das ertragen? Warum kann nicht jetzt, nach Folter, Keller und Demütigung alles perfekt sein – oder wenigstens die verdammte Dusche funktionieren? – Und wissen Sie, was am nächsten Morgen geschah? Ich war einfach nur überglücklich, dass ich über den Markt schlendern und mich mit so etwas Trivialem wie der Suche nach einem Dichtungsring beschäftigen konnte, statt das Stöhnen unter der Folter zu hören, das von Liedern der Gefangenen aus der Zeit des Zweiten Weltkriegs übertönt wird.

Seltsamerweise wird mir in solchen Momenten wie unter der Dusche immer klar, wie dumm es wäre, sich jetzt das Leben zu nehmen. Ich verstehe, dass diese Gedanken Teil meines Traumas sind. Ich begreife es mit dem Verstand, aber ich fühle es nicht. Und dann denke ich immer an Kawabata Yasunari, der einmal schrieb: »Wie fremd diese Welt auch sein mag, Selbstmord führt nicht zur Erleuchtung«, bevor er sich irgendwann selbst das Leben nahm. Der Triumph des Gefühls über den Verstand. Wie sehr man sich auch davon zu überzeugen versucht, wie die Dinge sein sollten, das, was ist, wiegt immer schwerer.

Das Leben in Freiheit will, wie die Liebe, gelernt sein. Aber es fällt mir unglaublich schwer, diese Kluft zu überwinden. Im Untersuchungsgefängnis von Donezk gab es genau einen Hof, von dem aus man durch einen Spalt zwischen Blech und Beton etwas von der Stadt sehen konnte: den Zirkus »Kosmos« und ein paar Hochhäuser. Da man die Menschen im System des »Ministeriums für Staatssicherheit« mit Tüten oder Säcken über dem Kopf transportiert, sieht man ein Jahr (oder länger) nichts außer der Zelle und für fünf Minuten am Tag die Wipfel der Pappeln. Im Untersuchungsgefängnis gab es keine Säcke mehr, aber das Fenster unserer Zelle zeigte zu einer Wand, so dass wir, als wir ein einziges Mal auf einen Hof kamen, von dem aus man die Stadt sehen konnte, der Reihe nach fünf Minuten lang die Häuser anstarrten, was schon für sich ein Ereignis war. Ein trauriger Anblick: drei erwachsene Männer versuchen, durch einen Spalt einen Blick auf eine Ansammlung von Hochhäusern zu erhaschen.

Und dann, zwei Monate später, bin ich von der Architektur Prags und Straßburgs umgeben. Ich bin frei, halte Reden über Menschenrechte, kehre ins Hotel mit einem heißen Bad in der Altstadt zurück, von wo aus man aus dem Fenster die Turmspitze einer prächtigen Kathedrale sieht. Es ist warm und gemütlich, aber ich denke an einen jungen Mann, den ich nicht einmal kannte. Gott sei Dank habe ich wenigstens das nicht mit ansehen müssen, wie er einen qualvollen Tod in Zelle eins der »Isolation« starb, während ich in Zelle vier saß. Seine Geschichte erfuhr ich erst später, im Lager, aber sie hinterließ einen tiefen Eindruck bei mir.

Diesem jungen Mann hatten sie die Milz kaputt geschlagen, seine inneren Organe verletzt, woraufhin seine Haut schnell graue Flecken bekam. Als seine Zellengenossen Palytsch darauf aufmerksam machten, kam dieser von Zeit zu Zeit in die Zelle und schlug ihn nur noch heftiger, wobei er allen versicherte, dass der

Mann nur simuliere. Letztendlich dauerte sein Todeskampf drei Tage, während derer er zu halluzinieren begann: Er begann seine Frau zu umarmen und mit ihr zu sprechen. Der Mann, der mir davon erzählte, hatte in der »Isolation« schon viel gesehen, aber er sagte, diese drei Tage seien mit das Schrecklichste gewesen. Nach drei Tagen starb der Mann, und seine Zellengenossen wurden gezwungen, eine Erklärung zu unterschreiben, die besagte, dass er sich die Verletzungen selbst zugefügt hatte.

Vor einer Stunde hat man mir gesagt, ich hätte dieses Straßburg verdient, das Hotel, den gotischen Kirchturm mit seinen erleuchteten Fenstern. Aber was ist mit diesem jungen Mann? Wo ist seine Belohnung? War alles, was er »verdient« hatte, vor dem Tod die Luft anstelle seiner Frau zu umarmen? Vielleicht war er wenigstens in den letzten vierundzwanzig Stunden ein wenig glücklich in der Annahme, seine Frau sei bei ihm. Und dennoch: Wo ist seine Kirchturmspitze? Und hier taucht ein fast biblischer Gedanke auf, dem man gern erliegen möchte: Er hätte nicht darüber schreiben können. Er hätte sich nicht »nützlich« machen können, daher hat er nicht überlebt. Noch eine Rationalisierung, noch eine einfache Formel im Chaos der täglichen Zufälligkeit. Sobald ich aber über die göttliche Vorsehung nachdenke, darüber, dass der Weg aus einem feuchten Keller in Donezk in ein Hotel in Straßburg nicht mit gesundem Menschenverstand zu erklären ist, sondern nur durch das Eingreifen Gottes, denke ich sofort an Menschen wie diesen jungen Mann. Und wenn Gott unsere Namen im Himmel nicht wie einen Stapel Karten mischt, verstehe ich beim besten Willen nicht, warum es so ist. Wahrscheinlich werde ich mich nie ganz mit dieser Absurdität abfinden. Aus der Hitze ins Eis und zurück. Solange einen eine Kirchturmspitze quält, ist man immer noch auf gewisse Weise gefangen. Das Leben in Freiheit will, wie die Liebe, gelernt sein. Und ich mache meine ersten Schritte, ganz wie ein kleines Kind.

Wenn ich ehrlich bin, sind Ratschläge auf diesem Weg eher hinderlich. Sobald man sich als Gefangener wieder in Freiheit befindet, verwandelt sich diese Freiheit in einen Markt der Theorien darüber, wie man »sein Leben findet«. Alle aufrichtigen Versuche, mit Ratschlägen zur Seite zu stehen, rufen oft gegenteilige Gefühle hervor: Ablehnung statt Sympathie, Tränen statt eines Lächelns, Angst und Wut anstelle von Ruhe.

Das Schlimmste und Banalste, was man einem entlassenen Häftling raten kann, ist »einfach zu vergessen«. Abgesehen davon, dass das unmöglich ist und daher nur Abneigung gegenüber dem wohlmeinenden Ratgeber hervorrufen kann, gibt es ein weiteres Problem. Ich erinnere mich, dass eine Dozentin mich vor dem Krieg in der Katholizismus-Prüfung fragte: »Was bleibt von der Persönlichkeit nach dem Tod, wenn sie auf Gott trifft?« Die Frage machte mich einen Moment lang sprachlos: Wie konnten wir überhaupt ernsthaft über so etwas diskutieren? Aber die Antwort war erstaunlich logisch: »Was ist zum Beispiel mit dem Gedächtnis«, sagte meine Dozentin. »Man muss sich erinnern können, wofür man belohnt wird oder verdammt. Ohne die Vergangenheit ist der Himmel nicht gerecht, oder nicht?« O ja, inzwischen bin ich tausendmal bereit, das zu bejahen. Das kollektive Gedächtnis ist zuweilen wechselhaft und falsch. Die Menschen sagen sich leicht von Dingen los, die noch gestern ganzen Generationen heilig waren. Das individuelle Gedächtnis ist dagegen zur Verantwortung verdammt. Irgendwo hier, in unserer Vergangenheit, kommen wir dem Göttlichen näher, selbst wenn es keinen Gott gibt. Die Vergangenheit lässt sich nicht durch ein Werbebild wegwischen, das Drehbuch im Nachhinein nicht mehr umschreiben. Sich erinnern heißt, menschlich zu sein. Das ist das Kreuz, das uns die »Isolation« auferlegt hat.

Man sollte Menschen, die Jahre in Kellern verbracht haben und mit Strom gefoltert wurden, auch nicht beleidigen, indem man behauptet, man werde sie verstehen. Ich denke nicht, dass man eine solche Grenzerfahrung überhaupt »verstehen« kann. Oft sind wir selbst nicht in der Lage, einander zu verstehen, auch wenn wir in denselben Kellern saßen und dieselben Amperezahlen durch unsere Adern flossen. Ich würde zum Beispiel nie sagen, dass ich den Major verstehe, mit dem ich zusammen in der »Isolation« saß, nachdem sie ihn von Luhansk nach Donezk gebracht hatten. Dieser

Mensch wusste nicht einmal, in welcher Stadt er sich befand. In Luhansk hatten sie ihn bis zur Gürtellinie in einen Kartoffelsack gestopft, mit Klebeband gefesselt und so für mehrere Stunden transportiert, wobei sie ihn ununterbrochen mit Füßen traten. Zuvor hatten sie ihn in einem Luhansker Keller festgehalten, wo er durch die Tür das Wimmern und Stöhnen seiner Liebsten hörte, die sie extra dorthin gebracht hatten, um ihn zu quälen. In der »Isolation« wurde er nicht gefoltert, dafür hatten sie in seiner Heimat-»Republik«, für die er gekämpft hatte, seine Kellerzelle bis zu den Knöcheln geflutet und den Strom direkt ins Wasser geleitet. Kann ich verstehen, was er durchgemacht hat? Ich bezweifle es. Genauso wenig, wie ich jemals die Erfahrung eines ukrainischen Soldaten werde nachvollziehen können, der nach fünf Jahren Kriegsgefangenschaft zum ersten Mal seinen Sohn sah.

Und es geht hier nicht darum, wem von uns es schlechter geht. Es geht darum, dass es keine Waage gibt, mit der man einen einzigen solchen Tag messen könnte. Keine dieser Erfahrungen macht uns irgendwie zu etwas Besonderem. Sobald man sich in Freiheit befindet, spürt man, dass die ganze Besonderheit in einer langen grauen Warteschlange Platz findet, in der man für irgendwelche Papiere ansteht. Man muss sich damit abfinden, dass der Einzige, auf dessen Verständnis man zählen kann, man selbst ist – und auch das nicht immer.

Aus diesem Grund braucht ein ehemaliger Gefangener eher Zustimmung als Unterstützung. Kein Mitleid – es reicht ein Nicken als Antwort auf seinen Pessimismus. Auch dieser Pessimismus wird eines Tages verschwinden: Für die meisten ist er keine feste Lebenseinstellung, sondern einfach ein Gefühl. Tief und schmerzhaft, aber ein Gefühl, und die Zeit wird es irgendwann wegwischen, so wie eine Welle die in den Sand geritzten Zeichnungen fortspült. Dieses Gefühl zu einer Weltsicht zu erheben und die Vergangenheit fest im eigenen Sinngebäude zu verankern, kann und sollte nur derjenige, der bereits weiß, dass die Zeit ihm nicht helfen wird. In diesem Fall ist es sehr wichtig, den Moment nicht zu verpassen, in dem der innere Schmerz sich in psychologisches Gift verwandelt, das einem das Leben ruiniert. An diesem Punkt gilt es, das Gefühl in einen rationalen Gedanken zu verwandeln: Ja, so war es, und es konnte nicht anders sein. Man muss einen dicken, fetten Punkt dahinter setzen, damit man nicht mit der Zeit in Versuchung gerät, ein Komma daraus zu machen und mit einem gefährlichen »aber« fortzufahren.

Ein weiterer Fehler, den optimistische Psychologen gerne Menschen aufdrängen, die durch die Hölle gegangen sind, besteht darin, Vergleiche zu ziehen. Zu sagen, dass es Menschen gibt, denen es noch schlechter geht, kann nur Schaden anrichten: Der ehemalige Gefangene wird zu dem Schluss kommen, dass seine persönliche Erfahrung auf diese Weise abgewertet wird und damit bedeutungslos ist. In der Regel kennen die Insassen der Isolation das ungeschriebene Gesetz, dass man stets noch tiefer fallen kann, und können solche Vergleiche selbst ziehen. Man sollte sie jedoch unter keinen Umständen wie kleine Kinder darauf stoßen. Meine persönliche Erfahrung, die keinen Anspruch auf Allgemeingültigkeit erhebt, hat mich gelehrt, dass das scharfe Skalpell aus hunderten Bänden Psychologie, mit dem man den Kopf eines Gefangenen zu sezieren versucht, nur die letzten Geduldsfäden zertrennt. Dagegen bringt die negative Therapie, ein Satz wie »Alles ist schlecht«, einem ehemaligen Häftling oft Erleichterung – wenn er ihn von seinesgleichen hört.

Ich erinnere mich, wie ich einen Monat nach der Freilassung in Kyjiw zufällig einen meiner ehemaligen Zellengenossen traf. Wir sprachen über unsere Situation und die Empfindungen, mit denen wir nun schon einen Monat hier in Freiheit lebten, und das führte zu diesem einen Satz, der uns aufrichtig zum Lachen brachte. Natürlich verstanden wir beide, dass »schlecht« in der Freiheit und »schlecht« in der »Isolation« ganz unterschiedliche Dinge waren, doch erst als wir uns eine solche Bilanz des Negativen eingestanden, konnte sich die Anspannung lösen. In meiner Selbstrehabilitation beginne ich immer mit dem Satz »Alles ist schlecht, und das ist nicht relativ«: Es wurden Schicksale von Menschen zerstört, viele wurden zu Invaliden gemacht und vergewaltigt. Diese Tatsache hängt nicht davon ab, aus welchem Blickwinkel man sie betrachtet. Wir müssen damit leben. Genau deshalb ist es besser, mit dieser Tatsache zu arbeiten, und nicht zu versuchen, ehemalige Gefangene dazu zu zwingen, etwas Positives zu sehen. Vor dem Hintergrund der erlittenen Leiden und Foltern wird ein solcher Versuch unweigerlich Widerstand hervorrufen und dem Ratgeber (einem Arzt oder Nahestehenden) den Status eines »Feindes« verleihen.

Wir müssen verstehen, dass das Leben nicht einfach nur ungerecht, dass es um die Situation möglicherweise viel schlimmer bestellt ist. Vielleicht gibt es niemanden, an den man die Frage nach Gerechtigkeit richten kann, und alles, was wir haben, sind nackte Fakten, ohne Hoffnung auf einen Sinn. Irgendwann einmal hast du unter Bedingungen gelebt, deren Sinn vorgegeben und den meisten verständlich war: Haus, Karriere, Familie. Dann plötzlich, von einem Tag auf den anderen, findest du dich in einem Keller wieder, vollkommen nackt, an verschiedenen Stellen verdrahtet. So etwas lässt sich nicht verallgemeinern, mit keiner Theorie erklären. Besonders quälend ist das kaum merkliche »plötzlich«. Was bedeutet das? Haben vierzig Lebensjahre dir nicht genug Erfahrung mitgegeben? Weil es darin diesen einen Tag nicht gab, sind auch vierzig Jahre nicht imstande, das zu erklären. Du hast keine Arbeit mehr, kein Zuhause, dir nahestehende Menschen verlassen Donezk, um nicht in der gleichen Zelle zu landen. So vergehen einige Jahre. Und dann – ein grelles Licht: die Freiheit.

Eine Situation, die sich in gewisser Hinsicht als schwieriger herausstellen kann als der Keller von gestern.

Ein Mensch, der so etwas durchlebt hat, ist völlig verloren in der Zeit: Er versteht weder die Vergangenheit noch die Gegenwart, die ihm bereits einmal geraubt wurde – geraubt von einem Tag auf den anderen. Soll er alles noch mal von Neuem beginnen? Wofür? Und wie, wenn sich niemand auch nur vorstellen kann, was er durchgemacht hat – nicht einmal die Menschen, die ihm am nächsten stehen –, und wenn das »neue Leben« in eine Reisetasche passt und ihm nichts als ein paar Formulare zum Ausfüllen vorlegt? Das alles ist kein abstraktes, kein relatives, sondern ein sehr konkretes »Schlecht«, das auf keinen Fall in den »Schrank der Verdrängung« gestopft werden sollte. Denn ja, morgen kann das alles wieder geschehen. Und dieses Verständnis ist es, was uns von allen anderen unterscheidet. Die meisten Menschen wissen, dass solche Dinge möglich sind – aber es zu wissen, reicht nicht aus, um es zu begreifen.

Ich bin bereits einige Monate in Freiheit, und emotional geht es nur abwärts – von der Euphorie des ersten Tages bis zu den schweren Depressionen des heutigen. Doch genau das zu begreifen und zu akzeptieren, gibt mir die Möglichkeit, weiterzumachen und mich nicht aufgrund dieses Traumas in mir zu verschließen. Das Problem besteht nicht darin, dass der Mensch in einer absurden und schmerzvollen Welt lebt, sondern darin, dass wir versuchen, uns vom Gegenteil zu überzeugen. Uns in das Lächeln eines Kindes oder in die Umarmungen unserer Nächsten flüchten. Ja, diese Dinge sind von Bedeutung, aber glauben Sie mir: Wenn Sie einmal die Welt der unverhohlenen, der nackten Grausamkeit gesehen haben, wird Sie das in Zukunft einholen, wenn Sie sich nicht hier und jetzt damit auseinandersetzen. Man kann stattdessen auch einfach wegrennen: »Die Welt positiv sehen«, wie die Psychologen es nennen, oder »nicht die Dinge, sondern die eigene Einstellung zu ihnen ändern«. Es gibt Millionen dieser Sprüche, doch die eigentliche Frage ist, ob eine solche Phrase Ihnen helfen kann, nicht von der Brücke zu springen. Mein Gedanke läuft darauf hinaus, dass Erfahrungen dieser Art grundsätzlich nicht wiedergegeben werden können und dass man den Emotionen ehrlich auf den Grund gehen muss, um sich dann davon abzustoßen und wieder nach oben zu kommen.

Das Leben ist absurd, das ist eine Tatsache. Je intelligenter ein Mensch, umso schwieriger ist es für ihn, mit dem Absurden umzugehen. Auch das ist eine Tatsache. Die besten Chancen, in der »Isolation« zu überleben, hatten zwei Kategorien von Gefangenen: die Gefängniserfahrenen, die bereits gelernt hatten, wie man in ähnlichen Systemen überlebt, – und die dümmsten und pragmatischsten Personen, die sich in das System einfügten und nicht darüber nachdachten, was da geschah. Dank ihrer physischen Kraft spielten sie auf der Seite der Leitung, und ihr Leben teilte sich in »Schlafen und Essen«, ohne dass sie die Geschehnisse reflektierten. Die Gefängniserfahrenen verhielten sich ähnlich, aber mit einem Unterschied: Aufgrund der Zeit, die sie bereits in Lagern abgesessen hatten, verstanden sie sehr gut, was geschah, und bemühten sich deshalb ebenfalls, nicht nachzudenken und sich von diesem System möglichst fernzuhalten. Die richtig schweren Jungs wiederholten immer: »Das Wichtigste ist, seine Kräfte einzuteilen. Wenn du zehn Jahre absitzen musst, darfst du dich nicht gleich am ersten Tag aufzehren. Die Klügsten sterben schneller.«

Aber es gibt noch eine weitere Tatsache: Wenn man nicht vorhat, Selbstmord zu begehen, muss man dieses Leben trotz allem irgendwie leben. Und das ist nicht so klar ersichtlich, wie es auf den ersten Blick scheint. Oft begeht ein Mensch innerlich Selbstmord, ohne ihn wirklich zu begehen. Ein solcher Zustand kann sich Monate und sogar Jahre hinziehen: Äußerlich hält er sich aus verschiedenen Gründen über Wasser, aber innerlich stirbt der Mensch Tag für Tag. Er öffnet morgens die Augen – und allein das zehrt schon an ihm. Deshalb ist es so wichtig, sich gleich zu entscheiden, sich diese Grenzfrage zu stellen: Wenn du auf dieser Erde bleibst, ist es sinnlos, emotional im Grab zu verharren. Entweder – oder. Der Mittelweg ist in diesem Fall die schlechteste Variante, denn genau dort beginnt der Psychoterror: Man fängt an, mit seinem Trauma zu feilschen, alles Mögliche damit zu rechtfertigen und von seinen Angehörigen Verständnis einzufordern, während man sein eigenes Alter auf das Niveau eines Fünfjährigen zurückspult.

Ich kann mich nicht dazu zwingen, nicht zu denken, aber ich habe etwas anderes, was mich rettet: Ich kann das alles aufschreiben. Es ist nicht viel, aber immerhin etwas. Sich mit dem Absurden abzufinden, ein Teil davon zu werden und es mit seinem eigenen Leben zu bezwingen, dem Leben mit aller Kraft einen Sinn abzuringen – das ist mein Ziel. Es war wohl Julio Cortázar, der einmal sagte: »Es gibt nur einen Weg, sich von Monstern zu befreien, man muss sie akzeptieren.«

Ich habe noch ein weiteres Mittel – das Laufen. Es ist auch kein Allheilmittel und lindert eher die Symptome, als die Ursachen anzugehen. Aber sobald ich meiner Umgebung gegenüber Gleichgültigkeit verspüre und merke, dass jedes weitere Wort – ja sogar jeder Gedanke – zu viel wäre, ziehe ich meine Turnschuhe an und versuche, irgendwohin zu laufen. Das Laufen erzeugt in mir die Illusion, ein Ziel im Leben zu haben: Egal wohin, Hauptsache laufen. Manchmal laufe ich mitten in der Stadt los: für einen Kilometer oder zwei, selbst in unbequemer Kleidung. Das Wichtigste ist, nicht zuzulassen, dass dieses Gefühl ganz von dir Besitz ergreift. Es kann völlig unvermittelt auftauchen, immer und überall, selbst an den schönsten Orten. Das Gefühl, in einer Sackgasse aus Stahl und Beton zu sein, zerschlage ich durch das Hämmern der Sohlen auf dem Asphalt.

In Europa wurde mir leichter zumute. Nicht viel, aber zumindest etwas – die Welt hier ist eine andere, sie hat etwas Luxuriöses. Dieser Luxus besteht nicht in den sauberen gepflasterten Sträßchen oder der teuren Kleidung, sondern darin, mitten am Tage in einem Café zu sitzen und sich bei einer Tasse Kaffee und einem Stück Torte gegenseitig die Fotos der Enkelkinder zu zeigen. Europas Luxus ist die Ruhe. Eine Ruhe, deren ich selbst in Kyjiw beraubt bin, wo ich noch immer über die Registrierung einer Schusswaffe nachdenke und gezwungen bin, mich nach jedem Interview umzublicken, bevor ich mein eigenes Haus betrete. In Prag verschwindet der Krieg, in Kyjiw lebt er in den dunklen Ecken der Hauseingänge.

Die Rudimente des Kellers bleiben übrigens auch in Prag: Man kann vor dem Eingang weglaufen, in dem vielleicht der Tod lauert, doch das »unglückliche Bewusstsein« wird man nicht los. Ich erinnere mich, wie ich mich auf der Toilette eines Prager Cafés dabei erwischte, ein Loch an der Decke anzustarren, an dem eine Platte fehlte, so dass Tageslicht hindurchkam. In diesem Moment überlegte ich, wohin die Lüftung wohl führen mochte und wie weit der Hinterhof entfernt war. Das ist eine Angewohnheit, die ich immer noch nicht ablegen konnte. In Gefangenschaft klammert man sich rund um die Uhr an zwei Gedanken fest: Suizid und Flucht. Nicht weil man wahnsinnig oder psychisch gestört ist. Man klammert sich an ihnen fest, weil es Wahnsinn wäre, nicht darüber nachzudenken, an einem Ort, an dem es Schlimmeres gibt als einen schnellen Tod. Und nun, zwei Monate nach meiner Befreiung, in einer Stadt voller verträumter Cafés und Familienfotos blicke ich immer noch auf die Lüftung und kalkuliere die Möglichkeiten. Wie viel Zeit muss vergehen, bis das verschwindet? Bis eine Deckenplatte eben nur eine Deckenplatte ist und ich nicht mehr auf die Türschlösser achte? Das sind unsere weißen Nächte, das quälende Licht, das einen nicht in Ruhe einschlafen lässt.

Ich laufe auf den Gipfel eines Hügels, von dem aus sich ein atemberaubender Blick auf die glitzernde Stadt eröffnet. Die Ziegeldächer glänzen im Sonnenuntergang, der Abend legt sich über den Fluss – und ich erinnere mich an Donezk.

Dort, in kleinen Käfigen, sitzen immer noch Menschen. Die blaue Lampe ist schon angegangen. Wahrscheinlich hat man ihnen zum Abendessen heißes Wasser gebracht …

Prag, 2020

Nachbemerkung

Am 9. November 2021 wurde der Leiter der »Isolation«, Denis Kulikowski, genannt Palytsch, in Kiew festgenommen, nicht zuletzt dank der Recherchen des Autors. Wie es dazu kam, hat er 2022 in seinem Bericht »Meine Idee von Gerechtigkeit« niedergeschrieben, nachzulesen in dem Band *Aus dem Nebel des Krieges. Die Gegenwart der Ukraine*, hg. von Kateryna Mishchenko und Katharina Raabe, Berlin 2023 (edition suhrkamp sonderdruck).

Die Reportagen, derentwegen Assejew 2017 verhaftet wurden, sind 2020 auch auf Deutsch erschienen: *In Isolation. Texte aus dem Donbass*, edition fotoTAPETA Berlin.

Eine erste deutsche Ausgabe des vorliegenden Buches erschien 2021 unter dem Titel *Heller Weg. Geschichte eines Konzentrationslagers im Donbass 2017-2019* im ibidem-Verlag Stuttgart.

Abbildungsverzeichnis

Sofern nicht anders angegeben, werden die Abbildungen mit freundlicher Genehmigung der »Stiftung Izolyatsia – Plattform für Kulturinitiativen« abgedruckt.

Bei den Abbildungen auf den Seiten 53, 58, 69, 77 handelt es sich um geleaktes Material eines anonymen Nutzers, der den Kanal »Donetskii traktorist« der Social-Media-Plattform Telegram betreibt.

Seite 58
Ein Vernehmungsraum in der »Isolation«.

Seite 69
Vernehmungsraum mit Folterwerkzeugen.

Seite 77
Eingezäunter Übungshof für Gefangene im Gefängnis »Isolation«.

Seite 89
Inneres der stillgelegten Fabrik, 2010

Seite 97
Im Keller der stillgelegten Fabrik, 2010

Seite 107
Gebäude der stillgelegten Fabrik mit Schornstein, 2010. Foto von Dmytro Sierhieiev

Seite 136-137
Die Abraumhalde neben den Schuppen auf dem Gelände der »Isolation«, 2010

Seite 146-147
Eine leere Produktionshalle der stillgelegten Isolatorenfabrik, 2010

Seite 170-171
Schuppen auf dem Gelände der »Isolation«, 2010

Seite 190-191
»Dans les filets, la couleur« (2012), Kunstinstallation von Daniel Buren auf dem Gelände der stillgelegten Fabrik, die zwischen 2010 und 2014 als Raum für kulturelle Projekte, Performances und Ausstellungen genutzt wurde. Foto von Dmytro Sierhieiev

Seite 198-199
»Armee der Klone«, eine Kunstinstallation von Mariia Kulikovska (2010-11). Foto von Dmytro Sierhieiev

Seite 214-215
Abriss- und Bauarbeiten an einem der Gebäude der stillgelegten Fabrik (2010-14). Foto von Dmytro Sierhieiev

Inhalt